家具圣经

[法]克里斯多夫·波尼 [美]珍·伦奇 著

闫旭 译

序言 [美]玛莎·斯图沃特
摄影 [美]詹姆斯·维德
插画 [法]克里斯多夫·波尼

家具圣经

Furniture Bible

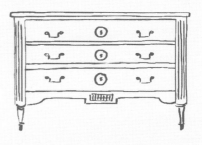

华中科技大学出版社
http://www.hustp.com
中国·武汉

图书在版编目(CIP)数据

家具圣经 / (法) 克里斯多夫·波尼, (美) 珍·伦奇著; 闫旭译. -- 武汉: 华中科技大学出版社, 2020.8
ISBN 978-7-5680-2577-5

Ⅰ. ①家… Ⅱ. ①克… ②珍… ③闫… Ⅲ. ①家具-历史-研究-世界 Ⅳ. ①TS664-091

中国版本图书馆CIP数据核字(2017)第059145号

First published in the United States under the title: THE FURNITURE BIBLE: Everything You Need to Know to Identify, Restore and Care for Furniture
Copyright © 2014 by Christophe Pourny and Jen Renzi
Photographs copyright © 2014 by James Wade, except for photographs on pages 52, courtesy of Edelman Leather; 59, courtesy of Maison Gerard; and 89, courtesy of Sotheby's Inc. © 2013
Illustrations copyright © 2014 by Christophe Pourny
Foreword copyright © 2014 by Martha Stewart
Published by arrangement with Artisan Books, a division of Workman Publishing Company, Inc., New York.
The interior design is designed by Bloom & Co. Design.

简体中文版由 Workman Publishing Co.,INC 授权华中科技大学出版社有限责任公司在中华人民共和国境内(香港、澳门、台湾除外)出版、发行。
湖北省版权局著作权合同登记 图字:17—2017—074 号

家具圣经

JIAJU SHENGJING

[法]克里斯多夫·波尼 [美]珍·伦奇 著

闫旭 译

出版发行:华中科技大学出版社(中国·武汉)　　　　电话:(027)81321913
　　　　　武汉市东湖新技术开发区华工科技园　　　　邮编:　430223
出 版 人:阮海洪

责任编辑:周永华　周怡露　　　　　　　　　　　　责任监印:朱 玢
责任校对:周怡露　　　　　　　　　　　　　　　　美术编辑:杨小勤

印　　刷:武汉精一佳印刷有限公司
开　　本:889 mm×1194 mm 1/16
印　　张:19
字　　数:275千字
版　　次:2020年8月第1版第1次印刷
定　　价:298.00元

华中出版

本书若有印装质量问题,请向出版社营销中心调换
全国免费服务热线:400-6679-118 竭诚为您服务
版权所有 侵权必究

目 录

序言

克里斯托夫·波尼在他的这本处女作中，讲解了家具修复、改装、修补和保养的知识。他也鼓励我们，不管是房主、装修师、收藏家还是买家，都要懂得欣赏、辨别和选择家具，因为家具在我们的生活中占有重要的一席之地，是我们家庭中的一抹亮点，也是我们投资或收藏的一种期货。

对所有人来说这都是一本非常有用、非常重要的书。不管是拥有古代、当代或现代家具的人，还是打算修补、修复家具的人，这本书的内容像百科全书一样全面，对学科层层面面的解析清晰直白、易于理解、非常独特。克里斯托夫是一位知识渊博、思路清晰的人，他以前只用这种清晰的思路在一些指导性手册或更简单的定制类图书中解析过部分课题。我本人很希望这本书成为我的收藏品，我知道不仅是我，任何想要清理、打磨、修复、修补家具的人都会用到。

这本书按章节描述家具的历史、构造、涂装和修复，并配有精美的绘画和摄影作品。"第一章 初识家具"这一章教我们为什么一些木材是用来制作抽屉底部、柜子的前部和椅子腿的，以及是怎样制作的。"家具涂装"这一章能帮助我们了解家具制造者涂装使用的材料和方法。"家具修补和修复技法"通过参考备注和步骤详解的方式，阐明在每件家具中所用的木材，在某些家具美化过程中用到的金属等材料，及其他一些实用技巧。

祝贺你，克里斯托夫·波尼。你说服我们这些门外汉、工匠和收藏师，以一种新的方式重新看待我们的家具，去了解精美的手工艺，明白什么是好的，什么是更好的，什么是最好的。更重要的是，你让我们更有动力去修复、修补和维护过去的家具制造者留下的遗产。这些遗产为未来的制造者树立了很好的范例，也会为他们提供创作的灵感。

玛莎·斯图沃特

2014

"每一位工匠在用刷子、铅笔和工具作业时，他的想法和他的记忆都会支配着他。看似灵光一现的动作其实是十年、甚至是三十年创作的结果。在艺术领域，任何东西都需要知识、劳动和耐心；一瞬间的开花结果需要数年的日积月累。"

——法国建筑师费尔南德·普永（1912—1986年）

前言

我出生在工匠世家，从小便受到古玩行业的熏陶。五岁那年，我的父母在法国南部瓦尔地区开了第一家古玩店。我们兄弟姐妹几个在法扬斯镇长大。父亲有间工作室，我们曾在工作室、院子中巨大的衣橱里表演木偶戏。工作室位于一个18世纪的石头农场内。农场里的绵羊每年都会专门跑去高海拔地区找吃的，走得最高的时候能到达阿尔卑斯山。这些牲畜原来睡觉的地方堆放着各个时期、各种样式的家具，这个地方是用很多木头搭建的，里面很黑，窗户很小，这是为了保护屋子免受太阳的炙烤，但是布置很精美，蜂蜡和麝香香气扑鼻，宛如一个梦幻之地。

我的父亲在法国瓦尔地区的工作室

到了那些使巴黎成为世界古玩中心的工匠和艺术品经销商们。巴黎的迷人和浪漫很容易让人陷入其中。然而，我变得焦躁不安，我感觉纽约在召唤我。年近三十的时候，我搬到了曼哈顿，在布鲁克林开了一家自己的工作室忙着装饰路易十六时代的藤条椅，翻新18世纪的餐桌，或者让表面镶嵌麦秸的家具"化腐朽为神奇"。在纽约，我的主要工作便是用父亲在老家传授给我的方法，重新恢复那些稀有古玩的原貌。我也会用全新的、让人意想不到的方式，使一些没有特色的家具变得令人惊艳，这也是同样重要的事情。我喜欢古老的家具涂装方法，也熟练掌握了这些方法。这些方法让我懂得，当一件家具需要用这种方式进行涂装时，我应该发挥怎样的创造力。

很小的时候，我父亲便训练我，先是让我给他的工匠们取工具和染料，然后学习使用这些东西进行切割、拼装、磨砂。我曾不止一次发誓，我以后再也不要碰任何一件家具（用玻璃碎片刮掉家具的旧漆真的会让人产生这样的想法）。但是，父亲对木材的狂热最终还是让我屈服了。我发现，在我们的料理下，不同种类的木材会产生不一样的效果。我甚至会爬到房子周围的橄榄树上，去学习评估木材的色泽、质地和纹理。父亲言传身教，让我懂得很多知识，如橡木的用途及榆木的其他用途；桃花心木是稀有品种，法国胡桃木用途广泛。我开始了解到，木材是工匠的一种工具，就像油画布对画家、纸对作家的重要性一样，每一块木材都可以拥有不同的颜色、结构和形状。最后，我发现，家具的涂装和家具本身的线条交相辉映，产生一种美，这是我们对一张桌子、一个房间和一个屋子产生的那种感觉。

大学毕业后，我搬到巴黎，跟着我的叔叔皮埃尔·马戴尔当学徒。他在雅各布街开了一家店铺。他是一个传奇，从圣特罗佩到美国旧金山，都有他的忠实客户。在巴黎，我见

我和我的姐妹们：我们的"游乐园"包括旧汽车和摩托车。

令人难过的是，这些方法在逐渐消失，当今的时代更盛行喷涂和黏结剂。这些传统的木材涂装方法，这些我的父亲、祖父和其他高度专业的工匠们所珍视的方法为什么会被抛弃？以前作为常识性的东西现在却成了一些上了年纪的工匠的独门绝技。这些老工匠的工作室里摆放着一些瓶

子，瓶子上贴着的标签上标注着一些像"波斯香水"这样充满异域风情的名字。即使是经验丰富的木匠可能也不知道这些打过蜡后的精美家具背后的秘密，除非他们的书房里有一本沾满灰尘的19世纪早期的法国指南。这些古老的家具涂装方法基本上没有走进普通大众的生活里，就连那些说着"家具维修技术正走在灭绝的边缘"的学术研究项目也鲜有提及，纽约时尚技术协会的一个类似学术研究就被取消了。

讽刺的是，当今社会人们对古玩的盲目崇拜也正在威胁着这种古老方法。《古玩巡展秀》这样的电视节目可能让观众意识到了珍奇的"传家宝"的潜在价值，但也产生了负面影响，让人们不由自主地害怕对这些古老的家具进行修补，认为这会损害它们的价值。但是，"原始的涂装"不一定等同于精美，并且很多人可能将近期改造（并且质量低劣）的产品误认为是"原始的"。不要盲目地信从历史：我敢向你保证，看起来普普通通的黑色橡木壁橱，在经过高对比度的铅粉涂装后，一定会更有诱惑力。只要你采用传统、自然的方法，就不会对家具产生损害，并且你的工作还会一气呵成。

不要因为恐惧而丧失了一次自我学习的机会。拿美食文化做一个类比，我们大多数人不是专业的厨师，或者不擅长烹饪，这并不妨碍我们买一些烹饪书，为我们进行指导，启迪或激发我们的烹饪灵感。说得更直白一点，今天最热门的厨师不是因为坚守过去的烹饪方法，而是致力于烹饪方法的现代革新。爱喝咖啡的人也在修复和改变旧的方法。那些不打算买一个Chemex手冲咖啡壶的人，仍然可以让咖啡师为他们倒咖啡。

我写这本书，是希望人们能够像热衷于烹饪、喝威士忌、买家具一样，热衷于传统的木材涂装技艺。我准备在本书的每一章里，对这些古老的木材涂装技艺进行解释，让这些方

我第一个独立完成的项目！

法变得不再神秘、晦涩难懂。要了解家具涂装，你首先要了解家具：家具是怎样构成的，如何识别木材种类和设计风格，饰面和镀金是怎样黏合在一块的。你会学到如何区分路易十四时代及路易十五时代的椅子，如何认识各式各样的躺椅，如何区分不同的木材，如何给凳子重装凳面，如何建立一个工作室，如何修复损坏的桌子腿，如何护理老式的皮革面。如果你是一个木匠，我会教授你全套的木材涂装技艺，如何涂上完美的罩光漆，如何提升你的技能，如何应用新的涂装方法，以及如何安排工作室的工作（我还介绍了一些快捷途径。我的意思是，如果你不是木匠应该怎样做）。不管你是想要了解铅粉的历史，还是要自己动手操作，看完这本书后，你都会获得大量的知识和灵感。

当然，所有人都喜欢家具能有一个好的改变。因此这本书是一本人人都可以获得的家具入门手册，它包括我最喜欢的几种涂装效果，如铅白、打蜡、流体镀金等，还包括详细的操作步骤。即使你不打算自己动手涂装，你也可以把它当作参考书，来确定你想涂装的颜色、木材质地、覆盖物、特殊装饰和装饰效果等，然后雇佣一个工匠替你操作（并且要求他

使用书中的专业材料）。

　　一旦你发现，其中的一些技艺是非常简单的，你可能也会突发奇想地想试一下。尽管这些方法难以理解、专业性强，但是它们既不需要昂贵的电力工具，也不需要科学家的化学品调制能力。相反，传统的修复和涂装技艺主要依赖三个工具——油、蜡和酒精。这些都是可以用手操作的。更重要的是，你甚至不需要一个工作室，很多工作都可以在你的厨房里完成，只要你在下面铺上一层遮罩布。

　　这些技艺不仅是适应当今时代的，而且还有很多益处。它们对你的家具和地球都是更好的选择。我们重视循环利

我的父亲（原来的小丑）在圣特罗佩的古玩市场

用、材料持久性和生态环保，所以在选择的时候必须要深思熟虑。自第二次世界大战以来，随着化学和大众消费品的发展，有毒的机器喷涂成为木材喷涂的标准。工业喷涂提供轻

度、中度和重度喷涂，被认为是最具保护性和最经济的选择。但是，它们很容易变形，并且通常是不可修复的。相比而言，传统的涂装比较薄、干得慢，但是它们能够融进木材，成为木材的一部分——改变木材而不是给它披上外衣——并且这种手动操作的行为，在涂装过程中能让木材更有光泽。很多薄的涂层可以进行调整、叠加、添加颜色、增加效果，这让真正的工匠家具外观看起来层次非常丰富。每一种涂装不可避免地都会有磨损。现代大众经济下的家具会有裂缝，然后皮层脱落、纹路变得模糊不清，最终被彻底移除，然而古老的家具往往会更优雅地褪去色彩。那时候，上了年纪的你、或你的后代可以用砂纸将它表面打磨，然后重新涂上油、蜡或漆，让它重新绽放光彩。

　　本书将为你全面介绍家具的修复、改装、修理、保养，教你了解你最心爱之物，不管是你的传家宝，还是在跳蚤市场淘到的时髦物件。在我工作室里重新涂装的每一件家具，我都能看到它的纹理、线条和它的潜在美。这本书将教你在自己的家具上发现这种美，然后通过伟大的法国工匠们数百年间创造的干净、简单的技艺将这种美呈现出来。如果从头到尾阅读这本书，或者选择你感兴趣的某个话题或技艺浏览某个章节，不管你是一个木匠业余爱好者，或是一个自己动手的手工艺人，还是一个家具爱好者或家具新手，都会发现这本书浅显易懂、启人深思，并从中得到很多切实建议。

Christophe Pourny

第一章

初识家具

在深究家具涂装的细节方法与技巧之前，熟悉家具很重要：鉴赏家具是掌握良好技术的基础。首先，我会带你了解一下在家具收藏和改装过程中，可能会遇到的家具风格及其历史；然后，我会告诉你，从切割树干到脚轮滑行，家具是如何建造的；还会为你解释除木材之外，在旧家具上会遇到的一些材料，并教你如何翻新和修复它们（提示：打电话给专业人士）；最后，我会带你参观我最喜欢的家具交易市场，并透露我对某些家具的看法。这样，你也会像我一样成为行家。

家具简史

　　虽然家具的历史可追溯到新石器时期，但对我们而言，中世纪后的家具才有意义。那是因为在中世纪以前的任何东西都被认为是古董并且属于博物馆。而今天，一些简单的中世纪家具仍然在市场上销售，且定价并不总是贵得令人咋舌。不过，关于希腊、罗马或埃及家具的设计，你需要了解的一切重要东西，都是在后来重新流行的背景下讨论的。另外，在罗马帝国衰落之后有一个所谓的黑暗时代。在这个不稳定的封建时代，西方世界的文化大大衰落：艺术和文化只能存活在修道院里。家具可以说就是从一片空白开始的，它最初的原型非常简单，只为解决最基本的需要，后来逐渐演变出越来越多的装饰品，反映了政治权力转变和社会的民主化。

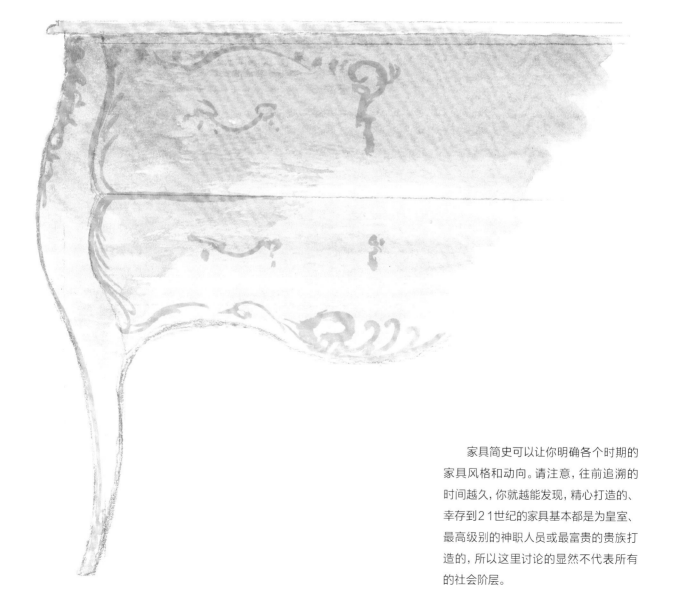

家具简史可以让你明确各个时期的家具风格和动向。请注意，往前追溯的时间越久，你就越能发现，精心打造的、幸存到21世纪的家具基本都是为皇室、最高级别的神职人员或最富贵的贵族打造的，所以这里讨论的显然不代表所有的社会阶层。

回归原始: 中世纪早期

5世纪左右到12世纪初

中世纪的凳子

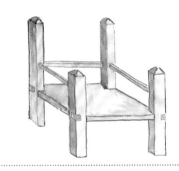

中世纪的椅子

　　中世纪社会是一个统治和被统治的社会——一大批军阀及其军队和一大堆农奴。那个时期因为贸易或商业交易很少, 家具非常有限, 并且都是用当地的资源现场制作的, 因此, 一切都是最低级的。家具制作技术是原始的: 木材用粗钉、粗糙的榫眼和榫头组装; 使用动物生皮、编织杂草和生铁结构。斯巴达的生活方式意味着很少的家具需求, 一条长凳、一些凳子、架子和板子就可以产生多种用途 (桌子、烹饪砧板)。床通常只不过是在地板上铺的一堆干草, 或者在板子或低矮的架子上铺的用马毛填充的质地粗糙的毯子。主要的家具是存放财产的柜子或箱子。

外观: 纯粹的功能性家具, 装饰非常有限。

你会发现: 主要是箱子, 还有一些实用的柜子和长凳。

空间: 人们住在一个大房间, 在这里进行聚会、吃饭、睡觉等活动, 所以家具不得不充当多个角色——不使用的时候被拆卸掉或立起来靠着墙摆放。

趋于稳定: 罗马式风格向哥特式风格的转变

12世纪末到1500年

教堂的椅子

哥特式的凳子

在这一时期，随着文明再次繁荣，家具功能变得更多，也逐渐成为永久的摆放家具。家具腿被用来将东西抬离地面，柜子开始有脚，并使用更精细的五金材料，卧室开始挂上窗帘阻挡气流，椅子和凳子开始安上靠背和扶手。设计也趋于装饰性。简单的装饰开始出现，如几何雕刻，这种装饰在农村的朴素家具上的使用一直持续到19世纪。到15世纪末，家具进一步多元化，每件家具都有各自的功能，装饰变得更加复杂化。

外观: 家具由罗马式风格向哥特式风格转变，家具的特点为: 木材暗黑、色泽亮丽; 拱形形状; 有装饰; 绘有哥特式人物。

你会发现: 高背的教堂椅子; 一分为二的梳妆台; 深度雕刻的床和柜子。

空间: 文化的进步和社会的进化使家具的使用情况产生了巨大的分水岭: 在贵族的家中，一堵墙分开生活和睡眠区域——把主人和随从之间的距离大大拉开。床在白天的时候不再需要收起，而是成为永久的、固定的摆放家具。

独特风格的复兴：文艺复兴时代

16世纪

文艺复兴时期的矮背扶手椅   文艺复兴时期的高腿椅

随着文艺复兴的蓬勃发展，相对和平与舒适的环境使得艺术和教育得以复兴。与此同时，资产阶级正在发展。古罗马和希腊再次成为研究和获取灵感的对象，古典主题被用于文艺复兴时期的建筑、视觉艺术和家具。流行的装饰包括柱子、柱顶、围栏、雕花、尖顶装饰、轮廓和模制品。繁复的雕刻为作品带来了柔软、立体的感觉，漆画和木板粉饰也逐渐繁荣起来。抽屉替换了向上拉的箱子盖，这种创新使柜子演变成一个完整的梳妆台。

同时，在贵族生活中，地位和风格扮演的角色越来越重要。文艺复兴时期的贵族们有更多的闲暇时间，也更注重社交，他们成为艺术品的消费者（以前这是教会的领地），美丽不再需要服务于纯粹神圣的功能。他们渴望奢侈的生活，特别是在欧洲北部，这些贵族也成为艺术品的消费者。

在此期间，每一位欧洲国王都发展出了属于自己的一种风格。商业的繁荣创造了更多可以交流的渠道，让设计的影响力在国与国之间蔓延。

外观：家具轻便，更加舒适；美学和功能被置于同等重要的地位。

起源地：意大利是文艺复兴的发源地，但是其他国家也在进行它们自己独特的设计，并将其传到欧洲其他国家。不同国家间的家具风格平行发展。

你会发现：复杂的装饰，包括花纹、罗马和希腊图案和细节。

空间：中世纪城堡基本上都是军事堡垒，因此黑暗封闭。而在文艺复兴时期，这些城堡则变成了豪华的住宅，供这些贵族享受空间、沐浴阳光和体验宽敞的感觉。

过渡时期：路易十三时期

17世纪初

路易十三时期的扶手椅

路易十三时期的椅子

　　这种过渡性的审美仍然是意大利的风格，但是佛兰德（佛兰德，比利时西部的一个地区，传统意义的"佛兰德"包括法国北部和荷兰南部的一部分、今比利时的东佛兰德省和西佛兰德省、法国的加来海峡省和北方省、荷兰的泽兰省）和荷兰的巴洛克风格也在影响法国、德国和英国，甚至通过朝圣者影响美国。

　　在16世纪，弗朗索瓦一世吸引意大利和欧洲最好的艺术家到达法国，但在很长时间后这些不同的风格才得以融合，最后成为独一无二的法国古典主义民族风格（这种风格后来在路易十四的支持下得到全面繁荣）。在路易十三时期，家具拥有简单的线条，外观看起来很简约，体积变得越来越大，颜色也越来越深了。对于最富有的法国人来说，家具通常由橡木或乌木制成。

外观：简约、简洁、厚实，带有细节；栏杆、转木和钻石图案很常见。

起源地：法国、荷兰和西班牙。

你会发现：大的柜子、衣橱；马臀革软垫座椅。

空间：更大（更黑暗）的古典而庄重的房间；家具越来越多地使用粉饰的墙壁、挂毯、面料和皮革。

绝对权力: 路易十四

1643-1715年

路易十四时期正式的扶手椅

路易十四时期的折叠凳

　　与许多邻国相比, 17世纪的法国是一个相对稳定的集权制国家。这个世纪法国只有两个统治者—路易十三和他在位时间比较长的儿子路易十四。他们是首次系统地使用家具设计作为政治声明、议定书和社会文书的君主。这两位国王与他们的工匠一起工作, 并且都发展和传播了自己的风格。同时, 社会和职业规则允许风格和技巧协调一致的演变。

　　17世纪中叶, "太阳王"路易十四强化了他盛大、庄严的美学观, 这一时期充满了建筑灵感的装饰和豪华装饰, 包括胶合板、丰富的面料和黄金、异域的木头和石头等珍贵的材料。宫廷美学的内容变得丰富和庄重, 从而和其他社会阶层甚至和地方各省(在地方各省, 皇室风格被压缩、简化)区别开来。

外观: 庞大而沉重, 拥有巴洛克式的线条——非常男性化; 宏伟壮观; 椅子和桌腿被设计成栏杆的形式。

起源地: 法国。17世纪的欧洲处于窥视的文化氛围中, 其他宫廷也意识到了模仿法国会产生巨大的政治利益, 虽然每个国家的宫廷采取创作自由的方法来宣称其独创性。

你会发现: 豪华扶手椅、三层抽屉的柜子、带天篷的床、沉重的窗帘和室内装潢、金银饰品。

空间: 宫殿或贵族住所成为草拟协议的地方, 官方生活的房间和私人使用的房间分别开来。

以 腿 识 物

通过椅子和裤子腿识别路易王朝时代的风格。

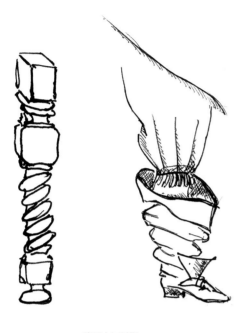

路易十三时期

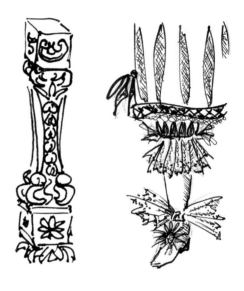

路易十四时期

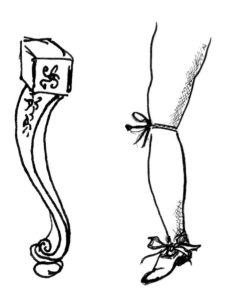

路易十五时期

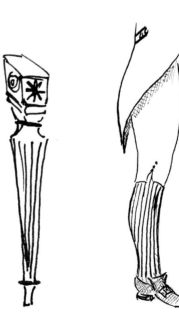

路易十六时期

优雅时代：路易十五

18世纪早期到中期

路易十五时期的扶手椅

路易十五时期的藤椅

18世纪在很大程度上是对它之前一个时期的一个反映。专制君主仍然统治欧洲，但他们也受到了启蒙思想的影响。礼仪和礼仪的规则趋于软化，庄重和宏伟的风格都被移除，从家具到房间都变得更小、更轻便，也更宜居。装饰遵循自然的灵感，并采取更多的流体形式：考虑弧形的卡布里腿、花纹和洛可式的（法国18世纪以浮华、纤巧为特色）华美曲线。

家具的功能也改变了。家具都是本着轻松、舒适的理念设计—这反映了一种基于亲密社交的、更加悠闲的生活方式。中上层阶级拥有的不止是一种椅子，还有用来休息的小凳子、餐椅、单椅、舒适的扶手椅、火炉旁低矮的扶手椅、大大小小的沙发、接待客人用的沙发等。

了解家具也是很重要的。上层阶级把家具当作一种消费品，人们通常对家具大加修饰，以适应日新月异的风格变化。

座椅反映了社交方式。人总结了一套全面完整的18世纪座椅风格，涵盖了所有社交活动。

外观：洛可可形式，多曲线、花纹，用过多修饰以达到纯粹的审美目的。

起源地：全欧洲，从英格兰的安妮女王和乔治三世到普鲁士的弗雷德里克二世，但法国仍然是潮流引领者。

你会发现：这种风格的家具一直非常受欢迎，一直流传到20世纪；你还可以在各地找到简单、粗糙的家具，也会在拍卖会上发现一些设计复杂的家具。

空间：房间继续扩大。更多私密的房间用来摆放小件家具，这些家具的专业化功能更强，更多是供个人使用，其中比较著名的是路易十五的政府公寓，这是他办公和休息的地方。每天晚上，他在去卧室之前都会待在这里。

躺 椅

双人小沙发

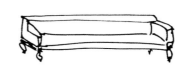

三人沙发

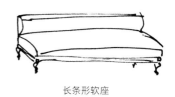

长条形软座

矮沙发

沙发床

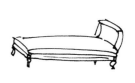

躺椅

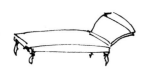

长靠椅

坐榻

带扶手的半软椅

软椅

恋人椅

轿式马车座椅

弹力椅

贵妃椅

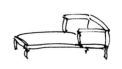

安乐躺椅

贵妃榻

分离式贵妃榻

回归精致：路易十六
18世纪末

路易十六时期的扶手椅

路易十六时期的飞椅

对于每一个动作都有一个反映。和洛可可时代的艳俗相比，这一时期更加清醒、感性，崇尚古典秩序。路易十六时期的这种新古典主义风格经过不断调整和适应，一直贯穿到法国大革命。18世纪后半叶的家具摆脱了过去几十年过度装饰的状况。家具变得更轻便、流动性更强。

外观：纯古典主义的线条和程式化的装饰；更轻便的涂装和室内装潢。

起源地：法国依然是潮流引导者。灵感来自新古典主义，也得益于社会对古希腊和罗马重新燃起兴趣。这在很大程度上是因为人们发现了庞贝古城，由此引发了考古热。

相关动向：美国的联邦风格，英国的赫普尔怀特风格、喜来登风格和亚当风格，瑞典的古斯塔夫风格。

空间：设计素雅、线条直白，建筑的元素也是一样，颜色装饰和室内装潢清新，兼顾舒适和简约。

威严之势：法兰西第一帝国
19世纪初

"回到埃及"帝国座椅

宫廷凳子

经过法国大革命的混乱之后，法兰西第一帝国建立了。拿破仑掌权后，准备恢复秩序。巨大、笨重的家具风格反映了一个帝国试图加强集权的心态。

外观：沉重，直线装饰是受到古典主义的启发；引进了古埃及风格；大量使用红木和黑色，色彩比较丰富。

起源地：法国。

你会发现：更多帝国风格的、有威严之势的家具，如餐具橱柜、沉重的座椅、巨大的梳妆台和衣柜。

空间：仍然是几何线条，但是装饰更多，深受古罗马和埃及的影响。出现像天鹅绒般沉重的丝织品，常用碧绿色和红色。

中层阶级时代：工业革命和法兰西第二帝国

19世纪

太师椅

查尔斯十世休闲椅

19世纪是政治动荡的时代，欧洲各地都发生了政治革命，再加上18世纪开始的工业革命，时局发生诸多变化。家具能够在工厂里生产，而不用手工制作，因此价格也变得低廉，更能走进大众生活。中产阶级，即资产阶级，开始崛起，他们拥有了可支配的收入，梦想进入上流生活，于是他们开始发挥强劲的购买力。这一趋势产生的一个明显影响是彼德麦风格的出现。彼德麦这种设计风格灵感来自法兰西第一帝国严谨的线条，在色调和装饰上比较沉重，更加注重舒适、简单的设计。

因时尚周期变短而无法创造新的风格，在历史上一直是家具发展的瓶颈。因此，在过去的几个世纪，出现了罗曼蒂克式、哥特式、文艺复兴式、路易十五式等各种各样的风格。英国维多利亚时代和法国拿破仑三世的第二帝国时代，都注重华丽的设计，这反映了新兴资产阶级的追求和品位。在美国，这被称为"镀金时代"。

外观：设计混杂、冗余，过度装饰，但一般都很舒适。

起源地：从法国恢复的帝国风格到奥地利的彼德麦风格，从路易·腓力风格到维多利亚风格，这种相互之间的影响是巨大的，这也反映了19世纪新兴资产阶级的协调一致性。

你会发现：装饰过多的家具，笨重的五金工具和室内装饰。这个时代流行使用上好的桃花心木。

空间：得益于生产的机械化，房间家具种类繁多。

抽屉柜的演变

相比于其他家具，抽屉柜可以当作教科书式案例：一个反映环境变化的设计演变史。

抽屉柜

抽屉柜的原型是个盒子，没有盖，由木板和钉子或简单的榫眼细木构造而成。制作抽屉柜的方法和工具在中世纪时可以使用。保险箱用于存放家里珍贵的财物（贮藏柜是现代才发明的），或者根据需要作为座位、床或桌子等，因为专门定制某种家具是很奢侈的。在那个动荡的年代，保险箱很容易运输，箱子两边都有很重的铁手柄。

中世纪的抽屉柜

随着时间的推移，人们为箱子添加了腿，让箱子离开地面，以更好地保护抽屉柜，以免抽屉柜受潮或遭受啮齿动物的破坏。现在的抽屉柜构造包括一个框架、可自由组装的镶板和连接的零部件。12世纪以后，雕刻和五金制品才开始出现。

单抽屉的柜子

在文艺复兴时期，攒边、打槽、装板的下脚料被制作成可以推拉的盒子（这就是最初的抽屉），这样更方便取出东西和有序摆放。这时，家具拥有一些精美的雕刻，比如建筑元素、奇怪的图案和莨苕叶等。

詹姆斯一世时期的抽屉柜

燕尾榫结构开始代替钉子、滑块和粗糙的框架，抽屉变多。抽屉柜不再需要盖子，也不再被当作座位，会放置一些灯具、镜子等家具。在17世纪，带抽屉的柜子在形状和精细程度上和今天类似，它是一种身份的象征。它反映了设计趋势，拥有很多装饰细节，并受到广泛关注。

与过去的诀别：现代家具动向

20世纪

家具设计不再和统治的君主有关。从20世纪开始，很多风格都受到创新、新的生活方式和愿望等多种因素的影响。第一次世界大战开启了现代化的纪元，随后一些家具造型上的改变更多的是一种探索、搜寻和尝试。这些动向包括以下内容。

工艺美术运动时期的扶手椅

弗兰克·劳埃德·赖特风格的椅子

新艺术风格的椅子

工艺美术运动起源于英国，其特点是主张自然、诚实的审美学，恢复传统手工艺。这次运动是对日益发展的工业化的第一个有序反映。它提倡回归传统方法和风格，从罗曼蒂克式、哥特式等风格中汲取灵感，但是与维多利亚时代过度的全新装饰不同，该运动呼吁采用高度创新性和原创性的方式进行制作。

传教士与工匠运动，是对维多利亚时代过度装饰的另一个反映，以典雅的外观著称。这是美国版的"工艺美术运动"，同样主张回归工艺传统，这也是对深度工业化的回应。该运动作为中产阶级建筑和家具的设计典范，更加理性、注重社交。

新艺术运动，同样寻求简单、自然的审美，反映20世纪的进步意识和技术革命已经开始萌芽。新艺术运动和与其类似的德国青年艺术运动都是植根于工艺美术运动和哲学思想的，但是它们是进步性的，因为它们采用新的技艺和材料，有时候这些技艺和材料非常昂贵，也很复杂。这使得这场运动成为法国精英阶层的运动，特别是和同时代的民主制的美国相比。这种运动的大陆风格又比英国的工艺美术运动明显。

艺术装饰风格的扶手椅

包豪斯建筑学派风格的椅子

伊姆斯20世纪中叶的椅子

现代主义，由新艺术运动演变而来，采用全新的技艺，拥有更多、更简单的几何线条。

艺术装饰运动和包豪斯运动将工业审美和现代技艺推向新的创新高度。这两次运动都是在第一次世界大战之后崛起的：更奢侈的艺术装饰运动是在取得战争胜利的法国兴起的，而装饰简洁的包豪斯风格则是兴起于饱受战争折磨的魏玛时代的德国，因为很多德国设计师在那时移民到了法国。尽管这两次运动的综合影响力是世界性的，但是持续的时间寿命很短。1933年，包豪斯学校被德国国社党政府关闭，很多知名的包豪斯建筑学派代表人物被迫销声匿迹。由于在第二次世界大战期间很难采购到外国的材料，艺术装饰运动很快便消亡了。

20世纪中叶的现代化运动提出简单、自然、以实用为主的审美观，和艺术装饰运动的过度装饰形成鲜明对比。该运动在第二次世界大战爆发之前就已经确立，战争结束后的紧缩政策刺激了它的崛起——这次运动提倡的极简主义、典雅涂装和干净的线条很大程度上是因为设计师手头资源有限，因此很多椅子都是用柚木制成的，座位都是纸绳的。

不同时代的椅子

座椅是阐明不同的历史时期和不同风格的绝佳方式。椅子是家具构造、功能、技术、装饰和材料变迁的见证者，因此也是解释设计历史和展示全球家具风格运动的绝佳方式。

意大利巴洛克
风格的椅子
（17世纪中叶到18世纪初）

意大利威尼斯洛可可
风格的椅子
（1700—1760年）

罗曼蒂克式和哥特式椅子
（12—15世纪）

英国詹姆斯一世
时期的椅子
（1567—1625年）

英国安妮女王
时期的椅子
（1702—1714年）

法国路易十五
时期的椅子
（1715—1774年）

中世纪的椅子
（500—1500年）

文艺复兴时期的椅子
（16世纪）

法国路易十四
时期的椅子
（1643—1715年）

宾夕法尼亚荷兰和
荷兰殖民地时期的椅子
（18世纪初）

英国国王威廉三世和
女王玛丽二世时期的椅子
（1690—1730年）

法国路易十三
时期的椅子
（17世纪初）

德国彼得麦式椅子
（1815—1848年）

德国青年艺术运动时
期的椅子（1895—
1910年）

20世纪中叶
现代风格的椅子
（1933—1965年）

俄罗斯帝国时期的椅子
（19世纪初）

美国夏克式椅子
（1774—1890年）

瑞典古斯塔夫斯
时期的椅子
（1771—1792年）

传教士与工匠运动时
期的椅子
（1890—1930年）

艺术装饰运动
时期的椅子
（1925—1940年）

美国联邦制
时期的椅子
（1789—1823年）

法国摄政
时期的椅子
（1715—1723年）

法国路易十六
时期的椅子
（1774—1792年）

新艺术运动时期的椅子
（1880—1914年）

包豪斯风格的椅子
（1919—1933年）

英国齐本德尔式椅子
（1754—1804年）

法兰西第二帝国拿
破仑三世时期的椅子
（1852—1870年）

现代化运动时期的椅子
19世纪末到20世纪中叶

法兰西第一帝国
拿破仑一世时期的椅子
（1804—1815年）

艺术美术运动时期的椅子
（1860—1910年）

家具制造

　　一块木头是怎样从树干上取材, 然后被做成衣柜的? 继续阅读本章以了解家具制造最常见的木材种类、纹理特征, 以及原木是如何被切成板坯并通过钉子、榫眼和榫头或燕尾榫组装成结实的桌子和椅子的。书中也会介绍贴面、拼花等常见的装饰。无论是按功能还是装饰划分, 这些都属于五金类装饰。文中还会介绍一些你可能会想装饰在家具上的材料: 常见的有皮革、藤条, 稀有的有鲨革、龟壳。还会教你如何使用这些材料。了解如何制作家具, 会帮助你认识、照料和尊重你自己的家具和制作这些家具的工匠。

18世纪法国衣柜

常见木材

如何识别木材, 在哪里可以找到它们, 如何对它们进行涂装和再涂装。

常见木材及其特点

木材	颜色	特征
扁桃木	深红棕色	纹理细致
苹果木	粉棕色	纹理弯曲
白蜡木	淡褐色	纹理弯曲、开放
山毛榉	金色	纹理细致、呈线型
桦木	淡褐色, 带红条纹	硬木材质, 纹理细致、弯曲
黄杨木	金色	密集型, 无纹理
树瘤	胡桃木树瘤: 深棕色	图案明显 (树瘤是根和结)
柏木	切尔克斯胡桃木树瘤: 浅色	图案明显 (树瘤是根和结)
樱桃木	浅红棕色	轻巧, 含树脂; 防蚊虫
栗木	深红棕色	纹理整齐划一, 质地光滑, 年代越久远颜色越深
黑檀木	暖棕色, 带红色暗纹	纹理质地粗糙
榆木	传统黑檀木是黑色, 但存在很多变体	木材很硬很脆, 带封闭图案纹理
山胡桃木	浅金色	密集型木材, 纹理中等
冬青	白色	纹理精致、整齐
西阿拉黄檀木	紫褐色	纹理直白、明显

使用的家具	用途	推荐的处理方式
路易十四时期的家具	罕见的橱柜	精涂装; 抛光剂
美国殖民时期的家具和威廉玛丽风格的家具	镶嵌装饰品	抛光剂; 油
美国殖民时期的家具和彼得麦式样的家具	古朴的家具	蜡; 铅粉
路易十五时期的家具; 古斯塔夫斯时期的家具; 彼得麦式样的家具	边框	染料; 漂白剂; 染料; 油
古斯塔夫斯时期的家具; 夏克风格的家具; 彼得麦式样的家具	几乎所有的家具	染料; 油和蜡
路易十四时期的家具; 法兰西第二帝国时期的家具	珍贵的雕刻和镶嵌饰品	蜡; 油
路易十四时期的家具; 艺术装饰风格的家具	珍贵的薄木片	高光泽涂装; 法式涂装
叙利亚风格的家具; 西班牙殖民时期的家具; 美国殖民时期的家具	衣箱和衣柜	避免涂装
美国殖民时期的家具; 安妮女王时期的家具; 路易十五时期的家具; 齐本德尔式家具; 夏克风格家具; 联邦制时期家具; 彼得麦式样的家具	大的家具, 如衣柜、桌子、沙发等	油和蜡; 虫漆
法国乡村风格家具	大的家具, 如衣柜、桌子、沙发、兔箱等	古朴涂装; 蜡; 油
路易十四、路易十五和路易十六时期的家具; 法兰西第一帝国时期家具; 法兰西第二帝国时期家具; 维多利亚时代的家具; 艺术装饰风格的家具	珍贵的镶嵌饰品	油; 蜡
美国殖民时期的家具; 古斯塔夫斯时期的家具; 彼得麦式样的家具	传统的薄木片	蜡; 染料
美国殖民时期的家具	沉重的家具; 古朴的家具; 衣箱	蜡; 油
文艺复兴时期的家具; 路易十四时期的家具; 法兰西第二帝国时期的家具	镶嵌饰品	乌木蜡; 精涂装
路易十四、路易十五和路易十六时期的家具	珍贵的镶嵌饰品和薄木片	精涂装

木材	颜色	特征
莱姆树	白色	纹理精美、整齐
孟加锡黑檀木	深棕色, 带黑色条纹	纹理紧凑
桃花心木	深棕色	硬木, 纹理细致直白、图案明显
枫木	稻草黄	硬木, 纹理精细
橡木	红色或白色	硬木, 纹理粗大; 平切的橡木图案明显; 切成四块的橡木纹理直白
梨木	黄棕色	无纹理
松木	浅棕色	软木, 纹理直白, 带结
杨木	白色	颜色和图案不连贯
红木	红色和黑色	硬木, 纹理细致直白
缎木	深棕色	硬木, 纹理精细, 带精美的条纹
悬铃木	白色, 带斑点	纹理紧凑
柚木	深棕色和红色	沉重, 浓密, 油滑
核桃木	深棕色	硬木, 纹理精细直白, 图案清晰
柳木	白色	纹理精细整齐
斑木	黄棕色, 带黑色条纹	硬木, 带条纹图案, 装饰性强

使用的家具	用途	推荐的处理方式
文艺复兴时期和18世纪威尼斯风格家具	镶嵌饰品	乌木蜡；精涂装
18世纪法国家具；艺术装饰风格的家具	庄重的家具和薄木片	最正式或最简单的涂装；罩光漆或蜡光剂
安妮女王时期的家具；乔治一世时期的家具；路易十六时期的家具；联邦制时期的家具；法兰西第一帝国时期的家具；维多利亚时代的家具；法兰西第二帝国时期的家具	一直到19世纪，家具非常昂贵	适合所有的精美涂装，比如罩光漆
美国殖民时期的家具；威廉玛丽时期的家具；安妮女王时期的家具；齐本德尔式家具；夏克风格的家具；联邦制时期的家具	几乎所有类型的家具	自然蜡和油；乌木蜡
都铎王朝时期的家具；詹姆士时期的家具；荷兰和佛兰德家具；路易十四时期的家具；威廉玛丽时期的家具；维多利亚时代的家具	大的家具	油和蜡；古朴涂装；装饰效果
路易十四时期的家具；法兰西第二帝国时期的家具；艺术装饰风格的家具；现代风格的家具	路易十四时期的镶嵌饰品和珍贵家具；法兰西第二帝国时期的乌木家具；艺术装饰风格和现代风格的家具	乌木蜡；自然涂装（蜡或油）
威廉玛丽时期的家具；荷兰殖民时期的家具；宾夕法尼亚荷兰的家具；阿尔卑斯风格和古朴的欧洲家具；英国松木家具	薄木片	染料、油、蜡
普通家具	家具的背部和内部及需要装饰的部分	染料；底漆
谢拉顿风格家具；摄政统治时期的家具；维多利亚时代的家具	珍贵的家具和薄木片；镶嵌装饰品	罩光漆；虫漆和蜡
亚当式家具；赫波怀特式家具；谢拉顿式家具；18世纪爱尔兰风格家具；联邦制时期家具	珍贵的薄木片；精美的家具	罩光漆；虫漆和蜡；油
威廉玛丽时期的家具；威尼斯风格家具；殖民时期家具；美国建国早期家具	欧洲镶嵌饰品	油；蜡
印度、葡萄牙式家具；英国、印度式家具；中国出口的家具；当代、现代的家具	户外家具；精美的雕刻；衣箱和衣柜	可以不涂装；桐油；柚木油
普通家具	雕刻品；珍贵的家具	罩光漆；蜡；油
文艺复兴时期的家具；威尼斯风格的家具	镶嵌饰品	蜡；油
摄政统治时期的家具；艺术装饰风格的家具	珍贵的薄木片和家具	罩光漆；虫漆和蜡

木材切割

　　树干如何变成适合制作家具的木板? 切割木板有三种方法。树木切开的位置会影响木板的整体稳定性, 也会影响木材的使用和纹理图案呈现的位置(弦切板内部是变形最严重的)。

弦切是速度最快也是最廉价的方法, 能够利用整棵树, 浪费率最低。树木是横着切开的, 会产生各种各样的形状。这不符合所有人的品位。然而, 这种切割确实制造了美丽的纹路, 如大教堂图案。弦切板是横向收缩的, 使得框架和关节不那么牢固。

刻切的木板比普通的木板弦切更加稳定和防潮, 只在厚度上进行收缩。所以一旦组装起来, 木板之间没有间隙和裂缝, 图案也很规则(这一点橡木最明显, 可以在其纹理中看到大大小小的斑点)。刻切不仅广泛应用于家具, 也适合镶板和地板。

径切是家具和精美橱柜的首选。这是最昂贵的生产方法, 在切割过程中最浪费木材, 但也是最稳定的切割方法, 会形成最密集、最规则的垂直图案。一件完全由径切制作的家具具有完美的整齐划一性。

树干横切面

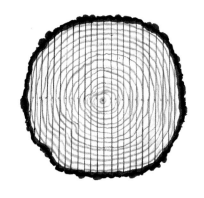

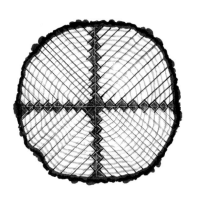

木板横切面

外侧板材

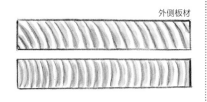

外侧板材

外侧板材

切割后的模板

内侧板材

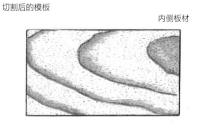

内侧板材

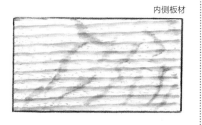

内侧板材

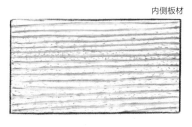

连接类型

　　三种主要的连接方式钉子、卯榫和燕尾榫的历史可以追溯到好几个世纪之前。简单的桩子或钉子的构造在中世纪时代是很受欢迎的，楔形的榫头也是如此。但是随着橱柜的发展，更精致的榫卯和更复杂的燕尾榫变得越来越普遍。

桩子或钉子。这是最早的连接方式，这个技艺是把一块木头插到另一块木头中，并用钉子或桩子将其固定。这种方法一直到文艺复兴时期都被广泛应用（后来在农村也一直延续下去）。

榫卯。从楔形榫头到榫卯技术，榫卯连接方式自古代便一直存在。今天仍然在使用，常用于制作座椅、衣柜等家具框架。

燕尾榫。这种复杂的榫头和榫孔互锁的模式非常具有识别性。这种方法应用最广泛，包括开放的、半盲的、全盲的和秘密的燕尾榫，每种都有不同的细节和工艺水平。你可以根据需求使用不同的燕尾榫。机械时代的到来让19世纪的切割工艺变得更少。

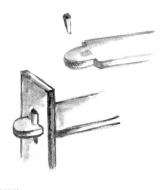

桩子组装

手切的木桩

钉子组装

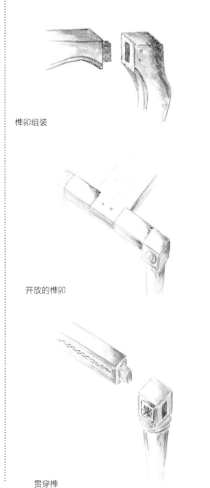

榫卯组装

开放的榫卯

贯穿榫

18世纪手工制作的燕尾榫组装部件

18世纪手工制作的燕尾榫

18世纪机器制作的燕尾榫

家具构造

　　我不想用长篇大论的文章, 告诉你椅子、桌子和衣柜是怎样构造而成的, 相反, 我会用更有趣、更有教育意义的方式向你展示如何制造这些家居。

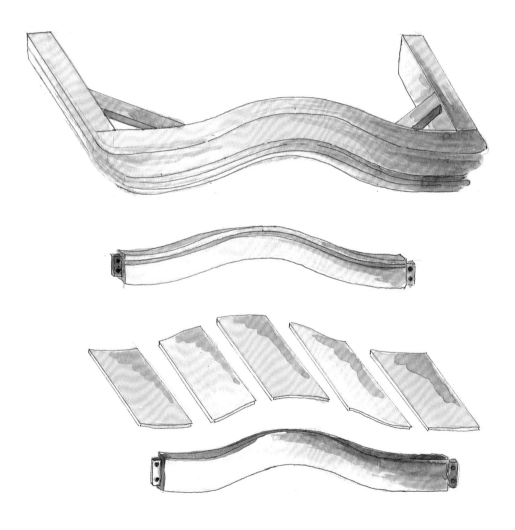

衣柜顶部拆解示意图:图为正式的檐口和顶部。就像大多数欧洲家具隐藏的部分一样切割和黏合得较粗糙。没有进行涂装。

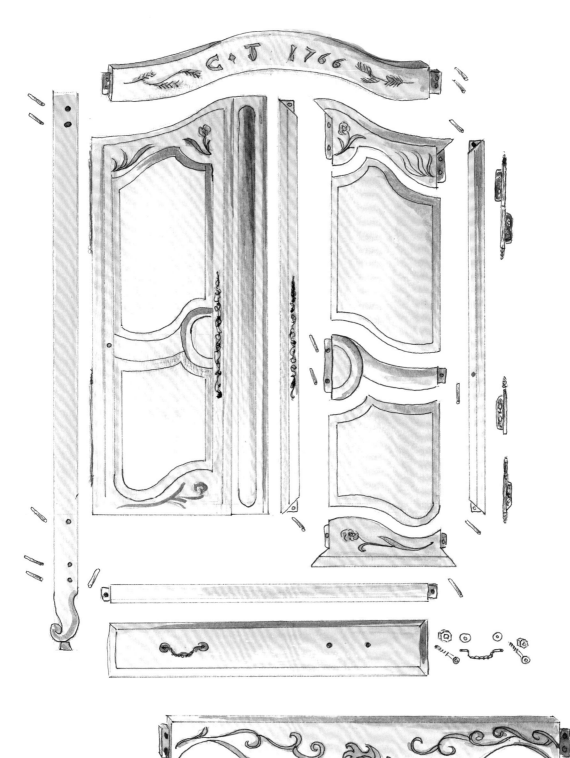

衣柜前部拆解示意图：都是用木头和榫眼
构造而成的，可以根据周围环境进行扩展或
变化。

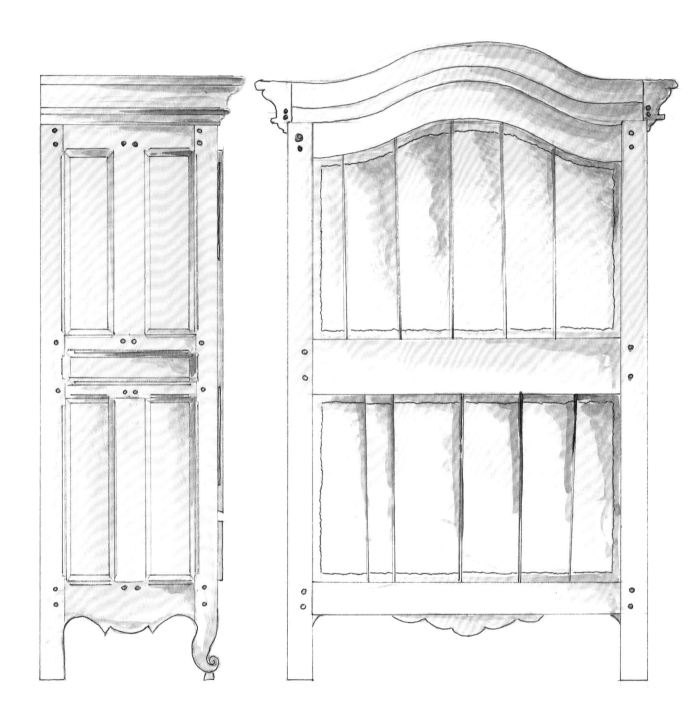

衣柜侧面整体示意图   衣柜背面整体示意图

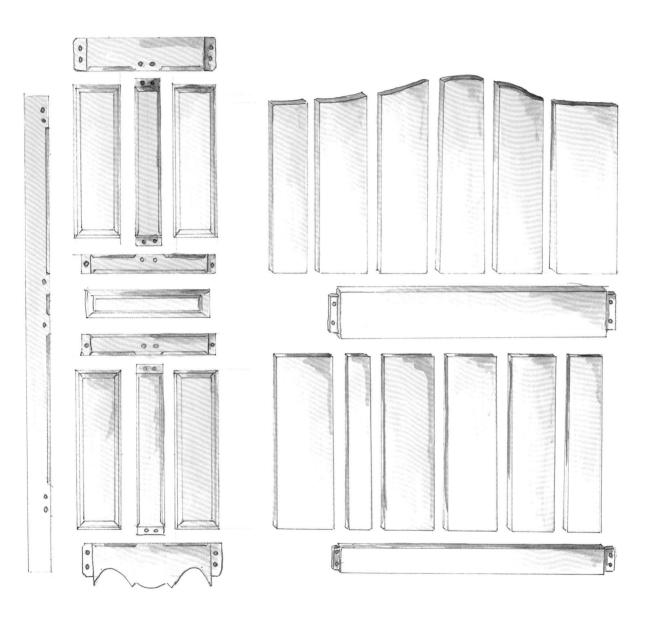

衣柜侧面拆解示意图：设计和衣柜前面一样庄重精美，都有可以让木材延展和收缩的浮动面板。

衣柜背面拆解示意图：切割粗糙，没有进行涂装，从木头上手刻的粗糙图案可以判断这件家具制作于工业革命之前。

薄木板

薄木板给人印象通常不太好, 常常让人想到工厂里用一层层劣质的刨花板堆砌起来的家具。但是就古老的家具和制作精美的现代家具而言, 薄木板被认为是劣质的标志。但薄木板绝对不是劣质的代名词, 而确确实实是一门古老的工艺—— 一门展现树木美丽的切割面和达到精美效果的工艺。当然, 也是实现镶嵌等装饰目的的工艺。古老家具上所有的错综复杂的主题或图案通常都是通过薄木板实现的。这种构造方法也为人们提供了一种对造价昂贵、难以获得的外国大件家具进行涂装的方式。

它是如何工作的? 将一层薄薄的装饰木材施加到框架上。今天的机械能够切割毫米级的薄片, 但是之前的薄木板都是手工切割的, 这意味着它更厚 (约3mm) , 因此比当代机械生产的薄木板更坚固。因此, 专业的家具修复师在他们的车间里会存放一些老旧的薄木板: 这些木板是理想的修复古家具的材料, 而当代的薄木板可能需要两层或三层 (为实现稳定性更改纹理的方向) 。

它是用什么做的? 桃花心木、乌木、杏仁木、红木和郁金香木是18世纪最常用的木材。薄木板的顶层传统上粘在一个坚固的松木或橡木制成的框架上。这些木材图案很少, 但是结构很理想, 既坚固, 又能够适当地扩展和收缩。

镶花、镶细木匠和镶嵌

18世纪著名的衣柜制造者、学者安德里·雅各布·罗布（André Jacob Roubo）曾将镶花艺术描述为"在木头上绘画"。薄木板是将一整个木片放在较小的基底上，镶花的设计很复杂，由很多小的薄木板拼合而成。用这项技术可以创建很多几何图案（称为镶细木匠）、风景或者场景（法语里称为"saynètes"）。

手动切割木头，并将它们粘到基底上后，再将表面抹平。工匠通过染色及明暗效果（用加热的沙子灼烧木头产生阴影），使设计更加精美。为了增加深度，通常在设计中加入书法效果，用黑色复合物进行填充。通常情况下，高光泽的抛光剂（特别是罩光漆）可以让图案更加突出。几个世纪以来，随着半宝石、金属、珍珠母、玳瑁和象牙的引入，镶花变得更精致、豪华。木头和其他材料的组合被称为镶嵌。

镶花：在木质基材上应用薄木板来制造装饰性的图案、场景和各种植物等。多年来，镶花已经成为描述所有薄木板工作的总称，法语里被称为镶花工艺。

镶细木匠：木质镶嵌，通常比薄木板要厚一点，能够在木质基底上创造出几何图案。通常可以在家具、地板、镶板等上面可以见到。（"镶细木匠"这个词来自法语单词PARQUET，意思是木质地板。）

镶嵌：将木材、金属或任何珍贵材料放进凹槽或通道中，雕刻进木材中，形成与基材对比鲜明的图案。插入的部分要比薄木板厚（不像镶细木匠），它并不覆盖整个表面。

五金

技术的进步对硬件设计产生了很大的影响。材料的处理方式变多,构造变得更加复杂——从中世纪用木桩当锁具,到18世纪使用工艺更加复杂精妙的镀金锁和19世纪开始的流水线生产。虽然几个世纪以来,美学从功能性转移到观赏性并再次回归功能性,但五金制品总是伴随其装饰性。例如,在安装完成后,锁的内部便再未示人,但仍可以凿刻数字加以装饰,由锁的主人签名并标注日期。装饰品提升了家具的质量,并始终遵循当下流行的风格。一个路易十五时代的五斗橱所配备的绝不会是路易十六的五金制品。

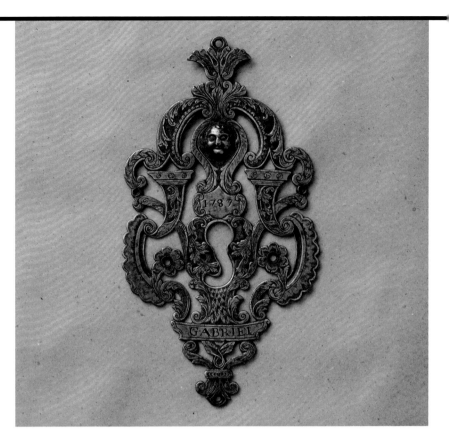

18世纪前:五金制品的制作通常采用铁铸、锻造及锉光,是一项既困难又耗时的艺术。锁匠是规则严格的公会成员:只有在制造出杰作后,他才会被认为是专业的锁匠。但是,锻造本身就是高水平的工艺,因而每个社区都有铁匠,使铁制五金制品变得本地化。这些本地化的五金制品有时被称为软钢,而我们发现,铁主要存在于这些较旧的制品,或者是几个世纪后乡村风格的家具之上。

18世纪:黄铜和青铜出现,通过抛光或镀金,使用铸造及凿刻,产生了更多的装饰品。在这一时期,锁定机制已演化为今日流行的方式。英国工匠也完善了钢铁的加工技术,制造出更硬、更耐磨的金属,使其更适合精密切割。

19世纪:工业化激发了技术进步和表现方式,同时激发了除高端奢侈品外装饰品的简化,一段时间甚至达到根除状态。

20世纪:随着装饰艺术的产生,五金制品更频繁地采用镀铬或镍的方式。而瓷器和玻璃旋钮也通常安装在基材的背面,用于替代之前的五金制品。

五金制品的分类

镀金物

镀金青铜，以高质量的薄片闻名，被称为镀金物。除了单纯的功利主义的推动和操纵外，你会发现古董饰品中具备多种装饰元素，如蹄状物、镶嵌物和马卡龙状物。直到19世纪中期，镀金青铜制作普遍采用高毒性技术：将汞和金的混合物放在黄铜上加热，烧掉汞后留下纯金的薄镀层（这种方法现在是非法的）。在那之后，人们通过电解实现了金属镀层。通过观察五金制品的背面，我们可以很轻易地分辨出该镀金物来自18世纪还是19世纪。电镀外衣将五金制品的表面包裹严实，因而除了没有抛光外，背面看起来与正面并没有什么区别。相比之下，在较早的技术中，镀金工艺只适用于五金制品的正面，因而背面是原始的青铜色或黄铜色，偶尔可能沾到一些黯淡的绿色，与背后不平整的镀锌线条相接合。

手柄、旋钮及锁眼盖

这些部件通常最具装饰性和多样性。由于它们通常会决定你如何对待一件制品，因而其风格显得分外重要，也就是说，它们的风格决定了你对现有五金制品的搭配、改善和复刻。围绕着钥匙孔和手柄的装饰板被称为锁眼盖（来自法语词汇，意为"盾徽"）。设计它们就是为了与周围的五金制品相匹配，而它们的功能就是保护五金制品所附着的木质表面。

铰链

铰链是五金制品中名副其实的骨干，用以保证门使用的顺畅性与可靠性。它具有多种不同的种类，如：提升铰链（如销子）、平铰链及枢轴铰链（也称为刀片铰链）。还有具有特殊用途的铰链，如用于钢琴或屏风等。

防撞角

防撞角最初的设计目的纯粹是出于功能性，用以保护桌子和椅子腿的两端，而近几个世纪以来，历经演变而更具装饰性。这些防撞角有的呈直角，有的是圆形，但大多是走华丽风，以突显建筑细节。它们主要由黄铜或青铜制成，通过细小的黄铜钉来固定在适当的位置，这需要固定得很牢固，以免割裂木头或划伤地板。

脚轮

脚轮的设计主要是便于动桌子或软垫座椅，主要用于19世纪的家具。黄铜轮是脚轮的规范标准。板式脚轮含有可以插入桌椅腿部末端的杆或螺丝钉，而脚杯脚轮则是直接拧到桌椅腿上。它们可以是漂亮的装饰、合并的桌椅脚爪抑或体现建筑细节。而破碎的脚轮必须立即更换，以避免将损坏延伸到桌椅腿部及其他部位。

特殊五金制品

这些通常具有特定的功能，例如，下放式臂杆常被滥用。与精美古董的各个部分一样，这些元素的设计（无论是隐藏于内还是暴露在外）都是实用性和装饰性的完美结合。

藤条编织

编织几乎与轮子产生于同一时代。即使是在资源短缺之时，灯芯草和野草也一直是随处可取的，在那个工艺技术有限的时代编织具有易于操作成型的优势。人们用草编织篮子、建造小屋或制造战士的盾牌，最终用于制造家具，从整个椅面到巨大的篮子式的橱柜（中世纪英格兰因其家具编织及其复杂的编织图案而闻名）。随着家具制造的不断演变，编织技术也被更多地用于装饰用途。

藤条编织：各种植物都可用于编织，如柳条和藤条就是两种重要的材料。材料的主要部分是藤条、长而软的藤蔓的外部树皮等。

藤条编织的用途：常用于柳条家具和座椅的扶手，这种材质的椅子更加轻盈和优雅。在维多利亚时代，藤椅多用于冬日花园和温室中。

常见问题：材料看起来比较脆弱，但编织结构保留了座椅的细木匠工艺，使其虽易松动，但却紧密安全。因此，破碎或拉伸过大的织物将危及整体框架的完整性，必须重新进行编织。

注意事项：你可以选择手工编织和机械编织，但是，我一如既往地强烈推荐老式手工编织。确实，它的编织速度较慢（几乎需要整整一天，而与此相比，机械编织只需要30分钟），因此也更昂贵。但两相比较，其差异显而易见：手工编织更为精美，手感细腻，其间薄薄的单根藤条都被手工分开，易于识别，且整体做工令人艳羡。

藤条编织的种类

你的作品会告诉你它需要的是什么：现有的洞和凹槽将揭示这个部位以前是什么类型的藤条编织。
选项如下。

手工编织

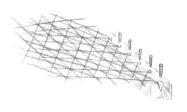

手工编织分为两种。在法式手工编织中，人们将条带逐一编织在框架上，然后单独胶合并用切割后的苇片固定。由于框架的背面可以保持不变，这无疑是最巧妙的方法：编织的藤条不会延伸或穿过整个框架。

在英式手工编织中，编织的藤条会一直穿过木质框架，然后被重新编织回到前面。这样的话，一跟藤条可以被来回折返使用多次。

在上述两种方法中，可以使用环绕框架的藤条将编织品的边缘全部暴露在外或整齐地覆盖住。

机械编织

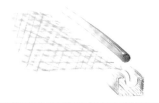

在19世纪后期出现的机械编织中，使用了现成的编织材料。按尺寸切割的片材的边缘被粘在环绕框架布置的凹槽中。而后将一根质地坚硬的芦苇塞入凹槽，可编织得更为紧密。

灯芯草编织

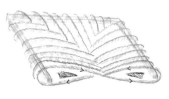

灯芯草是另一种材料，它常出现在简单质朴的椅子及法式精美家具之上。将灯芯草冲洗后在水中浸泡十五分钟，使其变得柔韧，然后编织（而不是穿过）框架。随后将纸板或稻草填充其中，使垫子呈现良好的形状。

选项整理

可以按照你的喜好来选择藤条编织抑或灯芯草编织。由于藤条编织不容易上色，因而通常是通过喷漆来进行着色。若坚持使用亚麻籽或桐油，可以使其颜色变得自然或更为鲜明。而灯芯草的最佳选择是天然蜡或有色蜡；在着色之前，至少搁置一个星期，以使灯芯草充分干燥。对于这两种材料，我更喜欢桌椅因使用磨损带来的色彩变化，而非人造老化，这可以使其褪色变得自然，而非刻意为之。

皮革

　　皮革一直与家具的演变密切相关。它具备功能性：可用于行李箱防水，用作座椅带，甚至仿古的五金件，如铰链、拉链和手柄等。自织物以其功能性成为用于装潢和金属的材料时，皮革也成了一种工艺精湛、设计精美的装饰元素。

什么是皮革：皮革材料主要是牛皮。

皮革的用途： 在15世纪，皮革主要用于装饰座椅。由于皮革比织物更容易获得，因此在使用织物之前，人们早已使用芦苇和皮草多年，可追溯至19世纪俱乐部的椅子和沙发、桌子台面，及用于军事战争和探险考察的工具等。皮革总是具有一种粗糙、阳刚的内涵。

常见问题： 包括破裂、剥落、撕裂、干裂及日常穿着磨损等，需要专业的修护。

注意事项： 工匠可根据顾客的喜好定制皮革颜色，或与现有的家具进行匹配。你可以看到在工业鞣制过程中，在谷物中染色的皮革与定制染色皮革之间的差异。定制染色使得皮革颜色更深、质感更好，并具备更多细微差别和更丰富的个性特征。在定制过程中，工匠们将皮革拉伸并覆盖在椅子框架上，而后进行打磨，以仿制天然的磨损。你还可以在多种多样的钉头设计中进行选择。至于桌子台面、工作台面及记事簿皮面，我的许多客户都不希望对其表皮进行恢复，而只是选择进行清洁或去除污点。他们倾向于拥有更多的特征和色彩，但当皮革已经过于陈旧时，则必须将其更换。虽然可以进行DIY创作，但还是应考虑聘请专业人士。

行业工具

　　工具多是成熟工匠的标志吗？有的工匠工具很多，如滚压工具、圆形浮雕印花工具、双线雕铁等。来自MHG工作室（MHG Studio）的米歇尔（Michele）和维克托（Victor）将在下一页展示他们的手艺。从古董店到拍卖行，他们花费数年时间收集这些工具。这些专用工具最初是用缓慢而均匀加热的青铜（青铜比黄铜更贵，且当时的技艺并不如现在），制成这样的方法会使工具变得更为耐磨。工匠们通常会将旧图案发送给雕刻师进行复制，从而增加产出。

新皮革面的制作

我之所以展示这一令人兴奋的制作过程，是为了说明为什么要找好的工匠师：看看他们能为你的生活带来的美吧。我邀请了我最喜爱的皮革工匠师们来展示他们的皮革压花手艺，他们来自纽约皇后区的ＭＨＧ工作室。

1

将旧皮革全部去除，并将残留物、旧胶及污垢清理干净。

2

备好放置在皮革下方的木材，原来的木材可能已经变形或断裂。使用木材填料解决表面不平整的问题。

6

先演练一下，以确定装饰图案的准确位置并测试工具。工匠师会测量皮革（在这种情况下，也会将皮革轻轻折叠）来确定中心图案的位置。

7

将工具置于电热炉上方进行加热。

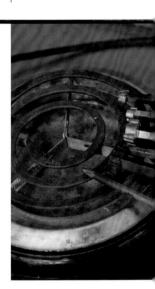

9

欣赏成果，随即用骨刀对镀金表面进行抛光。

3

剪裁大小合适的新皮革面,并用胶黏剂固定。虽然你可以在木匠商品目录中找到一些不错的定制皮革面,有些皮革面上还饰有精美的压花图案,但是工匠师却能够为你量身定制既适合你的品位、又适合家具颜色的皮革。他还会完成皮革的黏合、压花及最后的修整工作。

4

如果你愿意的话,可以翻新原有的压花图案或者添加新的装饰来美化家具的外观。典型的设计图案包括边饰(一般是几条相互补色的平行线条,有些是镀金线,有些是素线)、角饰还有中心图饰。图案可以任意选择。

5

将皮革固定到家具上后,开始进行压花(出于指导的目的考虑,该过程的演示将在一小块零散的皮革样品上进行)。

8

在箔片的背面覆以印花工具,将其放置在皮革上,箔片在下,印花工具在上,用力碾压。这种箔片可以用多种金属制成,如银、10K黄金、钯金等。

10

添加素压印(一种不需要使用金箔的印花图案)也是一种不错的选择。素印花与镀金印花相间使整个设计更添彩。

11

在皮革的表面轻轻地封上一层虫漆清漆。

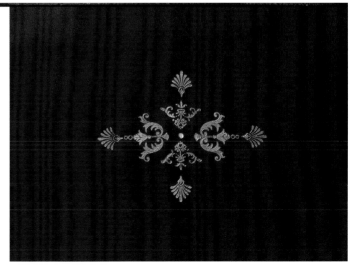

鲨革

　　黄貂鱼粗糙的外皮最初是用来打磨做鞋底的。直到18世纪才作为珍贵家具、盒子、工具的外包皮，在贵族圈内流行。作为外包皮，鲨革比软质皮革更为耐用。在装饰艺术运动时期，鲨革重返潮流。

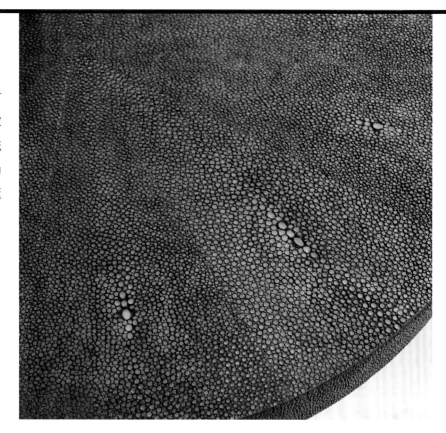

什么是鲨革：鲨革在古玩行业也被称为粗面皮革。鲨革包含鲨鱼皮，如今以黄貂鱼皮为主。

鲨革的用途：用于装饰艺术派桌子和装饰架的外包皮，在18世纪也用于盒子和箱子的外包皮。

维护和保养：需要修补或修复的时候，请向专业人士进行咨询。鲨革很难护理，包含很多预处理步骤。保养时，使用柔软的真毛衣刷除去皮革纹理中积攒的尘垢，每年用潮湿的软布擦拭一到两次。

羊皮纸

羊皮纸历史悠久,是纸的前身,起初用作包装纸,随后用来制作防水的箱子和柜橱。由于材料昂贵、难以保养、制作耗费人力等,羊皮纸和鲨革逐渐演变为轻薄的家具包皮。

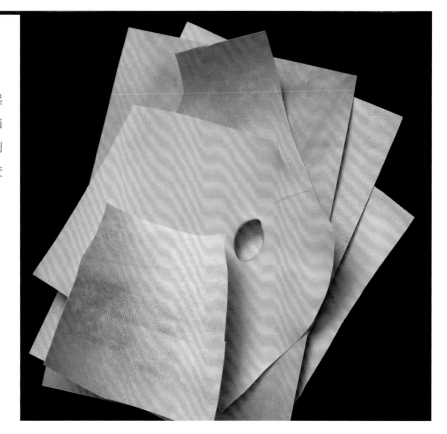

什么是羊皮纸: 羊皮纸在法语中叫作 "parchemin",这一品类包括山羊皮和羔羊皮。羔羊皮颜色均匀洁白,比较昂贵;而山羊皮看起来泛黄,则更像是电影中的羊皮手稿,这也是我较为喜爱的。

羊皮纸的用途: 在装饰艺术运动时期羊皮纸再度流行之前,很少使用羊皮纸。那时,设计师会将一张张雪白的羊皮纸覆在线条整洁的家具上,如雅致的小边儿。

维护和保养: 保养羊皮纸,既不能用水也不能用油,最多在表面涂一层薄薄的原生白蜂蜡,动作要十分小心。但在此之前,一定要在不显眼的地方测试一下,以确保干爽、洁白的羊皮表面不会变暗或变 "潮湿"(不过,我还是强烈建议你不要这样做,除非你有丰富的经验)。

注意事项: 需请专业人士修护。如果你想翻新或者将整张羊皮纸换掉的话,羊皮纸就会被染色,颜色变得不均匀。

玳瑁

新大陆的发现使欧洲人了解了许多异国的奇珍异兽、奇花异草及材料，玳瑁便是其中一种。此后，玳瑁用来装饰珍贵的家具和物品。17世纪法国家具设计师安德烈-查理·布勒在为太阳王路易十四设计的巴洛克式家具上多次使用玳瑁。这种材料的花纹、通透度及光泽在金箔或银箔的映衬下更加出彩。和象牙一样，玳瑁的使用使玳瑁龟一度濒临灭绝。1973年起，贩卖玳瑁被严令禁止。

什么是玳瑁：玳瑁是玳瑁龟的龟甲。它的用法同如今的塑料一样，可裁剪成片，做成如梳子、鼻烟盒或玻璃框之类的小物件，也用来制作家具镶条饰片和镜框。

玳瑁的用途：镜框和装饰框。

常见问题：掉皮及水分流失问题。

注意事项：玳瑁的修复工作必须由拥有合法处理玳瑁资格的专业人士进行。对于玳瑁又好又传统的抛光方式是涂虫漆，不过需要由专家用非常干净的工具涂抹。专家还应该检查有没有松动的、需要重新调整的玳瑁片。可能需要先取下松动的玳瑁片，然后再重新粘上，这是一个考验技术的过程：先用盐水软化饰片使其剥离，轻微加热重新塑形，然后重新固定。

维护和保养：不要用水擦拭或抛光，只需轻微掸一下灰尘即可。如果色泽变暗、需要恢复，最安全的处理方式是用布或手指蘸取琥珀蜡轻轻涂抹，这样可以去除污垢、恢复玳瑁的光泽。

贝壳

从古代开始，贝壳便用来装饰珍贵的家具，往往镶嵌在木材上。虽然受限渔令的限制，这种材质却依然可以买到，用来替换家具上遗失的部分。

什么是贝壳：贝壳是指珠母贝、淡水育珠蚌的外壳，也有少部分是鲍鱼的外壳。

贝壳的用途：如今，贝壳装饰主要用在英印混风格，该风格的家具也被称为叙利亚式家具（实际上，这些家具是在地中海南部沿岸生产的）。

常见问题：易破碎、易产生划痕。

注意事项：需请专业人士修护，专业人士会用细纹锉刀和砂纸打磨补片并进行抛光。因为贝壳通常是镶嵌在木材或其他材质上，所以要避免重复抛光或打磨，不同的材质表面需要使用不同的处理方法。清理工作需要满足贝壳及其周围木头材质的清理要求。

麦秆镶嵌

　　麦秆镶嵌工艺兴起于欧洲农村，农村有很多黑麦秸秆。这些扁平的秸秆通常用于小盒子和其他小物品的制作，用于模仿异国木纹装饰板错综复杂的图案。贵族社会的潮流是拥有麦秆镶嵌装饰的针线盒、小梳妆盒或者珠宝盒。18世纪，该材质的流行达到顶峰，但到了19世纪，工业生产深得人心，这种工艺便失宠了。

什么是麦秆镶嵌：麦秆镶嵌是用黑麦秸秆编织的几何图案，这种物美价廉的材质常被用来指代"穷人家的饰面板"，然而，现在非常昂贵。

麦秆镶嵌的用途：可以在装饰艺术派家具上看到麦秆镶嵌。让·米歇尔·弗兰克使用麦秆镶嵌工艺作为家具乃至整个墙面的饰面板，使其再度复兴。这样的家具十分昂贵。（法国著名诗人让·谷克多曾说弗兰克是将他的客户置于"草席"之上，这是法语中的一个双关语，意思是让他们破产。）

常见问题：如果有部分麦秆脱胶的话，先用湿布仔细清理开胶处，再单独用白胶重新固定。用手指甲像抛光器一样轻拂麦秆，以确保其牢牢黏合，让其自然晾干。

维护与保养：麦秆外壳所含的二氧化硅给其以天然保护，因此不需要任何打磨或抛光，以免破坏这一保护层。用鸡毛掸子进行清理，不要用布擦，因为织物会导致麦秆脱落。清理尘垢最安全的方法是用蜡：用手指轻轻擦拭或用软布蘸取天然蜂蜡进行擦拭。

古镜

镜子早先的制作方式是在玻璃上覆一层汞、银或锡。这个过程会产生剧毒，所以现在这些原料被禁止使用，被镜子酸取代。古镜表面的膜非常脆弱，受时间和潮湿度影响会被腐蚀，结果很戏剧化，也让人非常烦恼：古镜镜棱覆着的含银的铜绿看起来像幽灵似的。鉴于古镜中的人像模糊不清，与其说古镜是功能性物件，不如说它是艺术品。

古镜的历史：在慕拉诺岛威尼斯人著名的制镜技术基础上，工匠于16世纪完善了制镜过程。制镜技术不断发展，直到19世纪中叶现代技艺的发展让汞制镜退出了历史舞台。

古镜的用途：古镜、镜墙、家具或是像盒子一样的小物件上。

常见问题：装饰剥落，易碎。

维护与保养：不要手触镜子的汞面，这样会造成损坏，更糟的是这一面有毒。镜子本身是安全的，但要是有材料松动，就要用吸尘器清除或者扔掉这些材料。古镜非常脆弱，所以要避免取下镜框，尽量不要将古镜置于潮湿的地方，因为这会加速腐蚀。

注意事项：这一制作过程现在被用来生产新镜子，打光的层次有好几种，我建议要灵巧的，因为层次最重的那种看起来像赝品，还有一点俗气。

另外一种想法

我建议把选择出售或交换的任何古镜装饰品都卖掉。随意丢弃这种已不多见的东西可是罪过，而且古董商非常热切地想用古镜的玻璃框来替换破了的那些。

传统马鬃家具用品装潢

大多数人在看到精致的马鬃装潢手工艺品和这些工艺品所用的上好材料时都会惊叹不已，尤其是那些对于现代装潢物件熟悉的人。现代家具内里的填充物都是合成的泡沫，通过纺织纤维附着在木制合成框架上。与之相反，古代的家具都是用更精细的手法制作而成的，设计众多的支撑层让坐在上面的人尽可能随心所欲，并保持座位形状经久不变。认识这种有历史的马鬃会帮助你鉴别家具的价值，要重装椅面的时候你也会知道应该询问什么。幸运的是，我们还可以找到从事这种古老手艺的兢兢业业的从业者。

解剖家具用品装潢

我拆了一把19世纪50年代的英国维多利亚时代的椅子来揭秘其内部构造。

顶部面料

椅子的上部和下部都由面料覆盖。通常你会发现古董有一半暴露于随便装置的棉布中。

修剪

面料的边缘通常会镶有一些装饰性的铜钉头或以珠缀突显：精心打造以饰带镶嵌的饰物，让边缘看起来像流苏、灯芯绒或刺绣。

棉布

面料底层，通常为白色，中有填塞物，阻碍灰尘进入座位内部。它也可用来做各种各样的紧身胸衣，确保表层面料能够服帖地置于其上。

大头钉

大头钉用于将面料层和椅框连接在一起，它能够固定面料，需要的时候也能够轻易拿开，并且对木质结构造成的损坏最低。钉头一个接一个，使面料免于起皱或拉拽。

马鬃

马鬃的一大特色是有很多层，从顶部到底部粗糙程度依次增加，通过手缝将这几层连在一起。

碎毛皮

通常用粗糙的棕榈树皮或柔软的椰子皮来提高软垫的舒适度。

黄麻或粗麻布

这一层和填充物共用一个结构，使填充物位置固定。像这样的细节就是细致工作的见证。密封的边角，看起来就像一截小香肠，能够保护脆弱的椅子，让其保持原状。

更多同类

部分装上软垫的物件，上面几层都需要经过数次的加工。越接近表面就越精细：首先，放置一层粗糙编织的粗麻布，然后是粗制的填塞物，如好一些的粗麻布、好一些的马鬃，最后是顶层棉布。每一层马鬃都包裹于黄麻或粗麻布中，所有一切都用大头钉和针线缝合在一起。

弹簧

金属线圈，手里拿着绳子将其固定住。

带状织物

在框架处编织有厚重的带子，紧紧地拉拽在一起，用大头钉固定住。在传统家具装饰的工作中，都是用手将弹簧牢牢固定在带子顶部。

框架

这个框架是由山毛榉制成，山毛榉是一种坚固的木材，好用轻便。看看内部的木质表面是多么粗糙，这也是尚未完工的地方；在此处你能真正看到完工的过程会怎样提升木质。

细工木匠的手艺

工匠都会在物件内部署名。18世纪巴黎的木匠都会留下自己的墨印或是火印，比如下图：

JACOB·FRERES RUE MESLEE

著名的巴黎木匠

路易十六的王后的办公家具

面料底部

这一层将内部构造隐藏，并缓解了灰尘的渗透。一个历史上物件（或特别好的当代物件）的标志是以非常精致轻柔的编织方法织出的一层棉布。这一层通常都是灰蓝色的，有时是棕色，用以反射地板的光。

置换椅面的过程

我将以路易十六时期的凳子为例展示这个过程，这把凳子已重新覆上便宜的面料，非常适合作为凳子框架。尽管某一历史时期的重置椅面的工作应该留给专家，在把椅座送到手工作坊之前，你可能会想做一些准备任务，例如修复或重建框架。

1

移开钉头。别想着这些钉头还能用，除非这是一个质量能够进入博物馆的18世纪物件，否则它们通常应该报废。

马鬃：
保留还是扔掉？

保留。尤其是当你只是要给一对椅子中的一张换椅面的时候，你会想让两张椅子看起来完全相同。那样的话，两张椅子的内部也需要一模一样。（更不用说，马鬃很贵了。）

5

把所有的钉子除去。我用一个像螺丝刀的工具把所有钉子都撬下来。要确保框架上每个钉子都移除了。如果漏掉了一个，然后又要在那儿放上大头钉，那你实在不走运。

9

然后放弹簧。

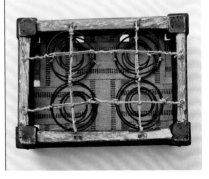

10

接着放粗麻布，然后放填充物。

11

放更多的粗麻布。

2

除去附件。类似带子嵌边这样的东西总是和面料黏在一起。把它们去除，就能看到更多的钉子。

3

去除面料。首先卸去物件下面垫衬物，然后是主要的椅面垫衬物。如果面料是粗线缝制的，那么你运气挺好。将衬料完全掏空，留下一排排间隔相等的洞以便填充。而除去钉子后留下的是密集的小洞，通常对木质会造成一定损坏，填上它们是一项恼人的工作。

4

把衬料（通常是马鬃）拿出来。

6

按需要修复木质结构，把松动的地方弄紧，修复一切缺口。

准备框架

7

用填充器或木胶将钉子留下的洞塞住，为新置换的椅面工作打下良好基础（见第114页"填充洞口缝隙"及第246页"制作自己的填充器"）。

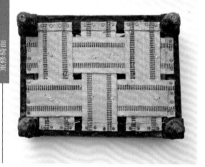

8

先放带状织物。

重修椅面

12

放更多填充物。

13

放棉布。

14

最后放面料并修剪（灯芯绒、钉头等）。

寻找家具

有很多地方可供人们寻找上好的古董及老物件，比如旧货商店、跳蚤市场，甚至是苏富比拍卖行这样久负盛名之地，也不要忘记你的阁楼甚至是路边。我就是在垃圾箱里搜寻到有用之物的。

古玩生意具有名副其实的体系。中间商大量买进物件，从资产售卖到标价售卖，然后再到大型跳蚤市场等地方重新售出。在跳蚤市场，珍贵的古玩紧挨着垃圾家具摆放。商人会抢购好东西，然后转给高端的专家。一件家具在最后到达目标客户手里之前可能要转手两三次。越过底层的"食物链"就是高端商，他们出售最珍贵而且罕见的家具，提供最好的服务和最有价值的消息。在众多东西中，你付款让他们找出你想要的东西。他们的资金更为充足，还有下一级的商人及中间的供货商。

如果你是一个新手或有追求的收藏家，一个好办法是进行自我教育，培养顶级鉴赏眼光：去参加拍卖行的预卖，在像lstDibs.com（美国奢侈品购物网站）这样的网站上仔细浏览，去拜访那些你感兴趣的经销商。但是购买应从最底端开始，这样做的风险小，潜在收获大。像这样一直发展下去，直到你付出的时间与金钱有所回报为止。然后拿出一小笔预算过上几周的清闲时光。最好的生意都是在房产销售和跳蚤市场成交的，但这些地方需要你早起，过滤掉大量繁杂、无用的信息，也没有专家指导，你只能单枪匹马地"作战"。如果你不能忍受要在星期六早上5点醒来，一家中等的古董店可能会帮助你更快速地找到你想要的东西。旅游时也不要忘记去当地常去的地方查验一番。

以下是一些可供详细查验的地点，每个让人上瘾、肾上腺素激增的地方都在上面了。

● 标价售卖或资产售卖

● 当地的转售或寄售商店

● 装饰精美的古董小店

● 跳蚤市场或古董集市

涉猎广泛的古玩店

便宜

昂贵

● 祖母的阁楼

● 中等拍卖行

● 特殊的在线网站

● 古董展销会

● 普通的在线网站

高端拍卖行 ●

收藏的关键是根据预算与空闲时间找到适合自己的方式。用这个矩阵来看看这些场所属于哪块区域，它是否与你的要求相吻合。

高端古董承办商 ●

高端古董承办商

什么是高端古董承办商: 从麦迪逊大道商店至画廊似的家具陈设, 这些供应商通常专注于某一个国家、年代或类型的家具, 有时也是这三者的组合(例如, 18世纪法国的瓷器)。在纽约, Maison Gerard是我个人最爱的装饰艺术和中世纪家具展示中心。古董承办商和鉴赏家同样是一个宝库。

你会发现: 高端古董承办商卖的东西价格可能非常高, 因为你要为质量(和经销商的声誉)买单。因为这些商店有忠实的顾客, 很多家具在到达商店前已经被顾客付款买走了。

如何做: 浏览是可以的, 要让经营者知道你只是在浏览而已。开始一段对话, 问一些你喜欢的细节, 可以是一个你从未见过的具体细节, 或者仅仅是关于历史的问题。这是一种老式的建立商业关系的方式: 如此多次往复, 他们会看到你乐于自我学习。

努力获取建议。有些商品的价格可能不在你可接受的范围内, 但古董商的存货不会都摆在商店里。你对一件作品的真正兴趣让你更容易提出一个更好的价格, 并开始一段贸易关系。而且, 知识是免费的, 经销商也乐于分享。也许你需要一个家具商或打磨一下大理石桌面, 经销商总是很高兴透露他们的贸易资源(这使他们看起来很和善, 使他们与供应商保持业务联系)。

古董店的礼仪: 不要被吓倒, 但要表现出尊重。经销商可能正忙着与常客进行交易, 没有时间顾及你。避免将"这幅作品的价格是多少"作为你的第一个问题。

可以做的事:

①举止文明。

②触摸。(但先征求一下意见最好。)

③说"你好!""谢谢!""再见!"。太多顾客来, 环顾四周, 不说任何话就离开。

④推着婴儿车, 携带儿童、狗或饮料进入之前先询问一下。

⑤如果你好奇定价, 以一种礼貌的方式询问:"我想知道那是什么, 这幅作品的价格是多少?"

避免做的事:

①什么东西的价格都问, 会使你看起来轻率和不专业。

②如果看到作品价格很高, 睁大你的眼睛或说:"呀!"

③说:"我的祖母有一款一模一样的桌子/衣柜/椅子, 但是我们扔了。"这意味着经销商的商品是垃圾, 他是小偷。

古董展销会

什么是古董展销会：场馆的等级范围从集市，口碑好的、带有一些设计感的高质量展会，到时髦的、类似纽约的冬季古董展的高端活动。这些展会是度过一个周末下午或进行放松的好去处。

你会发现：常规古董展览，设计师、古董交易商及收藏家；高端场所，一大批国际一流的经销商(与他们的室内设计师一起)精心策划的展位，以满足收藏者、博物馆策展人的需求。

如何做：这些场所是浏览的理想场所，可以了解古董的价格，或者在更多可进入的展览上，专门看一下你的预算。展位的形式使你与经销商的等级更加平等，网络服务更加便捷，所以个人联系是很容易的。但古董展仍然是一个商业场所，你和老板的交谈时间很有限，直接询问价格比较好。

事实核查：请记住，在最高端的场馆，许多古董都是在仅对受邀嘉宾开放的预览期间或开幕期间卖出的，购买者都是经验丰富的收藏家和常年的客户。

涉猎广泛的古玩店

什么是涉猎广泛的古玩店：一种更常见的高端承办商。古董商店通常是在特定的街道上或在某个街区或村庄，你可以一起光顾这些店。(宾夕法尼亚州的新希望镇就是这样的一个地方。)这个区域每一家店都有自己的特色。位于新奥尔良的巴尔扎克古玩店就是这种类型的典范。

你会发现：一个更加多样化、但仍然专注的产品组合，出于恢复活力的需要，与原始状态的家具混杂在一起价格更便宜。

如何做：讨价还价总是可以的，但不要太粗鲁，例如说："这个太贵了。"应该礼貌地询问他们给出的是否已经是最低的价格。不要期望折扣，这不是强制性的。同时，你也要知道：这是一个现金交易，店主不能廉价出售商品，他们不能退货，为了吸引客户的兴趣，他们需要不断地更新库存。如果你有礼貌，并且价格在他们可以承受的情况下，他们通常都会愿意跟你做这笔交易。如果他们不这样做，现在你就会明白为什么了。注意，商家们往往都会将多余的商品储藏在仓库里，所以还是值得问一下他们是否有你寻找的某件在货架上看不到的商品。

中等拍卖行

什么是中等拍卖行：介于苏富比和出售一些二手货（如旧电器）的拍卖会之间的拍卖行。拍卖通常频繁地进行，且这些拍卖行库存充足，并对招标进行了很好的介绍。卡波拍卖行和美术派拍卖行就是很好的例子。

你会发现：在二手拍卖行或当地的拍卖行，你会发现这里有你想要的一切，从框架到太师椅。价格是可以接受的，很多家具的起拍价都很低。（如果一件家具一开始不卖，你可以时不时地打电话关注一下，就可以很低的价格买到。）

如何做：参加预展览是了解古董和其他装饰艺术的好方法。你可以看到很多古董，而且会有很多人在旁边回答你关于一件家具或装饰艺术历史的问题。他们甚至会帮助你回答相关的问题。你也可以在线回顾目录。如果你想投标，可以亲自到现场，或通过电话和互联网，或通过代理人的方式进行。你的肾上腺素会急速上升，所以预先设定好你的极限，记住要考虑佣金，大约为销售价格及交货成本的20%（你负责安排）。拍卖品通常有几百个，这个过程可能相当缓慢，估计每小时60~100件，据此规划好你到达的时间。

努力获取免费的建议和专业知识，培养你的眼力。如果你知道你想要的是什么，或者你只是想要吸收很多东西，在一个低风险、友好而平易近人、很有意思的环境中购买，这样的拍卖行是最好的。

友好提示：通过这些拍卖行，你可以很容易地得到你想要的东西，也可以用来出售你自己高质量的藏品。

—— 同样 ——

不要瞧不起低端场所，那里通常有你需要的东西，甚至你完全没意识到的要寻找的东西，而且商品价格非常诱人。这就是交易魅力的所在。

不要被高端的场馆所吓倒。经销商知识渊博，并且他们喜欢说教。

不要低估了周围环境的力量：一个下雨的星期六早晨，你看到一件家具在你乱糟糟的床上时，你会果断丢掉它，但当它被摆到用灯具和小插图装饰的漂亮地毯上，你再看它，它就会很吸引你。关键是要在周六清晨能够醒来，走进商店，去寻找商店里的东西。或者把你的眼睛训练得足够好，在黎明前的黑暗中看到一片光明前景。

装饰精美的古董小店

什么是装饰精美的古董小店：这种新的古董店正变得越来越受欢迎。这些作品的价值更多地体现在风格上，而不是出处和时代。店主是在推销他的品位和观点。这是一种与今天的流行品位相协调的心理状态，即这个时代几乎没有人追求一种全时代的风格。以前的艾米·佩尔林古董店就属于这一类。当我第一次搬到纽约时，我在那里工作过。康涅狄格州新普莱斯顿的工坊是另一个令人愉快的场所。

你会发现：来自不同时代的时髦的、便宜的家具和书籍及昂贵的家具。为了呈现一个独特的外观，很多古董都已经做了返工和抛光。

如何做：记笔记。观察店主如何将家具与家具进行对比，及他们如何用新的装饰或室内装饰来重新设计作品审美。他们不一定在意一件作品是创作于20世纪还是18世纪，但他们着实重视去呈现一个统一的或逻辑的外观。

努力获取：装饰建议和灵感。

当地的转售或寄售商店

什么是当地的转售或寄售商店：所有的商店，包括精美布置的饰品店和二手店。我最喜欢的商城是位于纽约的私人作坊——切尔西商场，和许多商店一样，它们都服务于伟大的慈善事业。

你会发现：各种各样的商品，包括分散在各处的家具和家庭用品。虽然你可能会得到良好的客户服务，但你很少会遇到古董专家。

如何做：选择一个邻近你居住或工作的地方，因为要想有所收获，关键在于时常光顾，特别是当你在寻找某样具体的家具的时候。找出是否有特定的一天或一个小时店主会推出新的商品，同时计划好你光顾的时间。一开始，你可能找不到什么有趣的东西，只要一直坚持，你就会成功。

努力获得：非常特别的东西，比如说一个高高的衣柜，或者是任何看起来很酷的东西。

一个好商店的标志：商品周转很频繁。

参观卡波拍卖行

这个中等拍卖行在纽约皇后区每月举行一次拍卖会, 是非常受欢迎的。

探索的兴奋是人们不可抗拒的。这些作品具有多样性: 从一件已经涂满罩光漆的家具, 到二十世纪中叶等待上油的家具, 到各式各样的银器和奇怪的收藏。卡波拍卖行的策略是专注于那些确定能恢复或彻底改造的美丽事物, 或能与你产生共鸣或亟待特别处理的东西。最近的一个预展览显示了这些很酷的可能性。

发现:	发现:	发现:
## 活动翻板桌	## 19世纪美式纯桃花心木桌子	## 20世纪初中国出口家具

估值:

100美元 (1美元≈7元), 售价200美元。

好在哪里:

活动翻版桌是非常实用的家具, 可以在任何地方、任何空间使用, 可以用来吃饭、工作、服务或展示。这是一件很简单的再加工工作。

我该怎么做:

快速地上一层蜡或虫漆。

估值:

500美元, 售价250美元, 相当便宜。

好在哪里:

它有一个漂亮的纯桃花心木, 用60厘米宽的古巴桃花心木精心雕琢而成, 你不可能找到更好的了。

我该怎么做:

法式抛光。最终会得到一个闪闪发光的桌面: 古巴桃花心木反光很漂亮。

估值:

300美元到400美元, 以225美元的价格出售。

好在哪里:

低端的中国出口家具是这些拍卖行的固定摆设, 但这件家具非常优质, 用上好的木头精心制作而成。硬木通常处于非常干燥的状态, 但重新处理是很容易恢复的。

我该怎么做:

用油和蜡重新涂上。有时你会得到一个难以置信的惊喜: 看起来像风化和玷污的杂木(指某种软木, 如榆树或松树)经过处理后, 可能看起来像一种美丽的杨木(硬木)。

发现:

19世纪古典风格扶手椅

估值:

300美元到400美元,以150美元的价格出售。别忘了这是一件真品,哪怕是一件装饰性的仿品也要花几千美元。

好在哪里:

这些椅子有一种万能的风格,有干净的直线,适合所有的内部装饰。有两点吸引人购买: 这是一套你通常不会发现的真品,并且这把椅子拥有像拌毯一样美丽的褪色的针尖装饰。

我该怎么做:

很好地去掉绿色。粉饰的画框架营造稍微时尚的普罗旺斯氛围。或者涂成新的颜色;因为它们不是路易斯真正使用过的家具,你可以做你任何想做的事。

发现:

三十张小提琴琴弓

估值:

300美元,售价150美元。

好在哪里:

这个古怪的收藏品可以作为墙饰挂在沙发后边。

要做什么:

把它们擦干净,挂起来。

发现:

弯脚桌

估值:

150美元。我打赌值180美元。

好在哪里:

弯脚桌现在很罕见。它的比例非常和谐。靠墙的桌子也是非常多用的。

我所做的:

我本想用这幅作品来说明灌浆的过程,但我难以自控,最终完成了一次英式打磨(见88页),这真是令人难以置信的结果!

跳蚤市场或古董集市

什么是跳蚤市场或古董集市？跳蚤市场是一个范畴词，小到周末的社区跳蚤市场，大到像布里姆菲尔德古董展一样的会场。每年在马萨诸塞州的一个大型场地上举办三次跳蚤市场。这些市场的鼻祖是巴黎著名的圣旺跳蚤市场。

有谁参加？商家和收藏品贩子。这些大型展会是商家的主要货源。有人在布里姆菲尔德买过家具，那里有足够卖好几个月的库存。

你会发现什么？这里有各种各样的东西：便宜的小玩意、精美的古董、建筑零件、装饰品，甚至民间手工艺品。全新的东西不太好找。商品以实物为准，你一定要仔细检查，如果事后发现桌腿坏了，是不能退货的。

如何购买？要想选到最好的商品，你最好早点来（很多市场天一亮就开门了），穿上舒服的鞋子和暖和的衣服，带上手电和现金。好的商品很快就被抢购一空，场面非常热闹。你只要把手放到商品上去，你就掌握了购买优先权，但你抬起手来，大家就又可以公平购买了。讲个好价钱，当机立断，因为卖家不会等你。

如何还价？经过一天的买卖，卖家筋疲力尽，迫切渴望休息，他们非常希望能卖光东西，这时你往往掌握了主动权。讨价还价的时候到了：现在你完全可以面带微笑，把价格压到最低。他们表面拒绝你，但实际上他们已经接受了你的价格。这时，你立刻掏出现金，向他们说声谢谢，在心里为你的好运窃喜吧。

标价售卖或资产售卖

什么是标价售卖或资产售卖？这是靠碰运气的事，但是也很有趣。标价拍卖是买卖的第一步。它可以指任何东西，但有时没什么好物。

你会发现什么？别抱什么希望。用开放的思想和眼光看待就好。

如何购买？一般来说，这些商品的原主人不是收藏家，所以它们通常需要悉心照料，但有些很多年都无人问津。去找你能重新改造的实惠商品。

目标：你要充满热情，在乱石、碎砾中找到钻石。

在线古董商店

网络在线交易有来自全国各地的小型拍卖活动，比如在liveauctioneers.com。优点是你可以任意挑选各种商品。缺点是如果你看中的商品在千里之外，那你只能用船运回来，运费可能有点贵。

lstdibs.com该网站上集合了全国（其实是全世界）各种顶级古董店，上面的商品已成规模。你可以（免费）注册，登录查看价格。

主要的拍卖行网址：所有的大型拍卖行，如苏富比拍卖行和佳士得拍卖行，都有在线销售网址。

食物链

人们总是好奇古董家具生意中的财务问题。或说得直接点，就是他们问我"如何让一张50美元的桌子价值5000美元？"在此稍做解释：

50美元

古董贩子花50美元的折旧价购回，虽然古董上有油漆和灰尘，但蛮有趣。

↓

150美元

经过了在跳蚤市场一天的讨价还价后，他把古董以150美元的价格卖给当地小贩。

↓

500美元

小贩擦干净后，将其放在装修精美的展区。专门物色古董的人在一家高档商店以500美元价格购入。

↓

1000美元

这位物色古董的专业人士再以1000美元的价格把它卖到高档商店。

↓

3000美元

这家商店有三个顾客都在等这件古董，其中一位是打算装修的设计师，她要把古董放在客户书房里一个奇怪的角落里，因为她很苦恼。她花3000美元买下它，这已经是起初在跳蚤市场上价格的六倍。但这笔交易是受客户委托的，而且摆在商店里已经两个月了。

↓

5000美元

五年后，这个顾客（一名知名艺术赞助商）削减了在拍卖会上的藏品的持有量。这件古董如今历史悠久，价值连城，最后在一家著名的拍卖行以5000美元成交。

现在，对于古董商来说，这是一个极为敏感的话题，我知道很多人的反应诸如"这钱挣得真容易"或者"这太坑人了"，但是试想一下，整个过程中每个参与其中的人都在拿自己的钱冒风险，他们不辞辛苦地去寻找、奔波、调查和修复古董，还要赋予其价值，找到合适的买家。对于高级经销商来说，他还要支付管理费用，付出收集客户名单的时间和精力，并在各种相似的"钻石"中辨别真假。

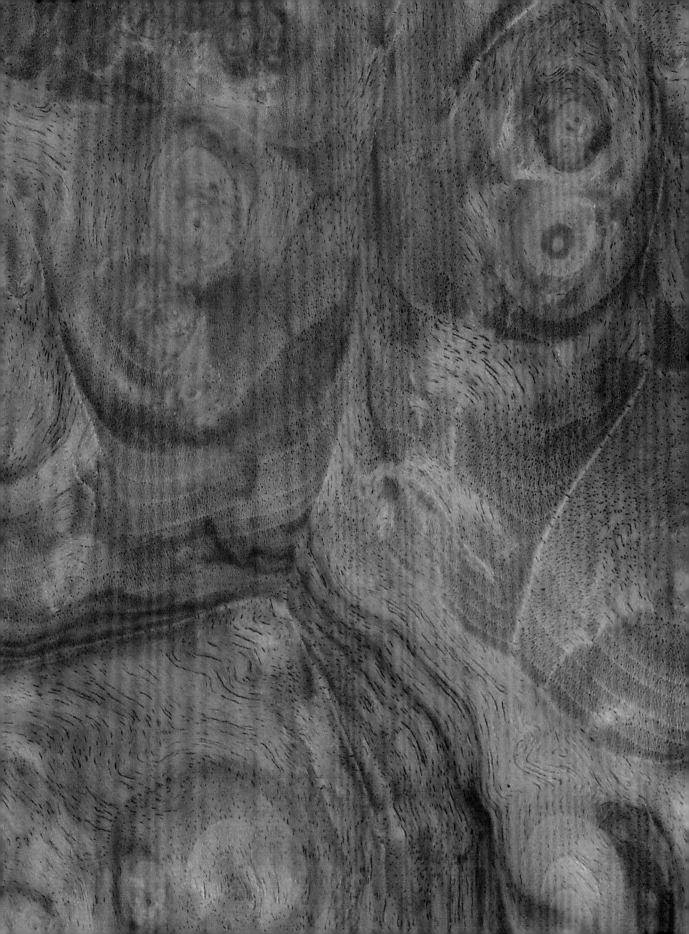

第二章

家具涂装

　　这是一本关于传统精加工技术的百科全书，采用不同方法组织编写。本章包括研究过程的三个主要部分：油漆、蜡、虫漆，还有镀金和染料及其他可能在古董加工中碰到的方法。我会从法式抛光讲到干蜡摩擦，以及最适合它们的使用方式，来解释不同技术背后的历史。通过阅读这部分，你可以掌握不同方法，以更好地理解相关艺术技巧和方法。

蜡

　　我从纽约搬到法国，口袋里刚好有一个电话号码。幸运的是，这个号码是我父母以前的一个客户的。客户住在格林威治，她已经七十多岁了，我重新给她的家具上了漆。因为没钱成立工作室，所以我只好在她家完成所有工作。事实证明，蜡是现场翻新的最好工具。现场并没有一片狼藉，任务也圆满完成，这种材料竟然是万能的。

　　采用不同的理念和使用方法，蜡能使一个古文物看起来焕然一新，或让一个崭新的仿品看起来陈旧。蜡可以是冷却的固态形式，呈琥珀色；也可以是常温的液态形式，呈乌黑色。涂蜡能让古文物有光泽，颜色变深，在古物表面形成一层薄锈，也可与其他物质，如与油漆、染料、浮石结合，做出具有装饰效果的成品，比如铅白和清漆。安装这种质量不一的老式家具使用的就是这种方法。

鉴定蜡涂饰剂

　　从美国早期夏克派设计到法式家具和西班牙教会式家具，蜡通常用在粗木制品上。肉眼鉴别一个古董是否涂蜡其实很容易，涂蜡的古董一般很粗糙，有着民间风格。当然，要证实你的猜测也不难，你可以用手指在古董上摸一圈，你会发现能刮下一层棕色的油蜡。（如果是清漆，就会脱落一层薄片。）还有一个鉴别方法就是把一点点松脂放在指尖上，在古董上来回摩擦。如果涂了蜡，松脂的浆渣就会在你手上融化。

　　经历了几个世纪，涂蜡古董依然保存完好，令人赏心悦目。而没有好好保存的古物则落满灰尘，失去光泽。蜡已不再为人重视，而在被尘土掩盖了数百年后，木材的香味也会逐渐消退。

涂蜡技巧

铅粉

　　为了创造出奇妙的装饰效果，你需要尽量使纹理清晰，刷掉表面松散的纤维，让木材深处刷上染料。该动作能让折痕处着上色，但会使顶部表面染料更加突出。这个想法是为了让木材的纹理（颜色加深的那一部分）和背景之间（你想要尽可能光滑平稳的地方）形成一个鲜明的对比。高低之间的对比增强了纹理图案的独特性。

外观：增强纹理和双色调。这种涂装通常使用灰白色染料，也可以使用更深的颜色来突出。

常见于：橡木和白蜡木。适合铅粉涂装的木材类型是有开口和深层变形的、内外纹理对比鲜明、使其容易松动和清除的木材。

历史：自古代一直到19世纪中叶，铅粉一直被用来为木材纹理之间的空隙着色。在装饰艺术运动时期，这种时尚的技艺被重新发现，继而复兴。它的起源是功利主义的：铅粉能保护木材免受害兽和害虫的侵害。20世纪60年代，铅粉逐渐被禁止。

适合于：铅粉适用于家具涂装，涂装效果完美，线条简单、干净。

优点：简单而有趣，令人难以置信的多变的风格，给予木材无限的颜色组合。

缺点：与所有的蜡粉一样，它不适合严重磨损。

铅粉涂装的实例见第146页。

第一次尝试给铅白涂饰上蜡之后，我发现它有点吓人，看起来就像一幅黯淡的伊丽莎白一世女王画像。事实上，这个比方确实挺恰当的。因为，中世纪到20世纪中叶，欧洲的贵妇们一直喜欢用威尼斯白铅矿作为美白的化妆品。想用白铅矿粉美白，贵妇们得先用鸡蛋清把它调成糊状再敷在脸上，但敷上以后贵妇一笑，脸上的糊状物就会干裂。要不你看伊丽莎白一世的表情总是绷着呢。家具设计师和造船工都用这种漆料，他们把漆料涂在木头上以防止虫蛀。其实，那些贵妇人和匠工们都是在毒害自己，因为铅会渗透皮肤从而浸入血液。

20世纪30年代，铅白漆料成就了杰·麦克·弗兰克等一批设计师。因为清晰、简单的家具线条受益于铅白漆料的使用，所以这种配对不无意义。

现在铅漆料已经被禁止使用了。新合成的白漆料虽然叫铅白漆料，但它是无铅的，所以使用起来无毒无害。

蜡和油的比较

蜡	VS.	油
产生柔和的光亮； 强化纹理和细节； 适用于雕刻品、栏杆、雕塑等	功能	产生绸缎般的光亮； 深入纤维，与木头融为一体； 强化纹理样式及着色
适用于黑桃木、檀木、栗木， 简易和质朴家具，实心木制老式家具	适用范围	低硬度或中等硬度的家具， 如胡桃木、红木、 虎槭木、卷纹枫木； 其他带有简易线条和 强调裸木美的家具
光色柔和； 容易操作， 可以混合调色； 易存储	优点	木材渗透性强； 容易操作，存储简便； 只需清洁涂层再涂即可， 无须脱模； 无毒无害
变干后失去特性； 不防水； 需反复操作； 若不小心使用，易发黏	缺点	干速慢； 使用时会发出难闻的气味； 厚涂层需多次使用； 时间久了会发黄

填充蜡

　　陈旧的实木家具往往因不断打蜡、除尘和抛光而生锈，填充蜡能够封存圆木外观和质感。多年的污垢会塞满家具上的小孔和纹路，使得本来应该腐烂的表面发亮。填充蜡的原理跟这差不多，将蜡和浮石的混合物用垫子揉进家具，使其表面变得平滑耐用，并呈现出光泽。

外观: 有光泽，类似于工具的把手因反复使用而出现的打磨。文艺复兴时期的暗黑色家具的光泽看起来像是从内部发出来的。

常见于: 老式农场桌，中世纪和文艺复兴时期的家具，经过抛光的大型实木制家具（如箱子、桌面）。

历史: 这种技法最初使用于16、17世纪，当时主要用于桌子等家具的增光和防腐涂饰。

适用于: 给木制家具以生命，尤其是松树这一类木材。但填充蜡同样适用于胡桃木和栗木这一类颜色和纹理都适合抛光的木材。最适用于表面平滑、细节较少的大型家具。

优点: 防水、抗老化；能进一步覆盖污点和油渍，如常用的桌子；易保养，只需适量油或蜡；无须每次都对纹理进行填充。

缺点: 不适用于细节较多的家具，在此类家具上效果不明显，不易操作。

填充蜡的实例见第142页。

干蜡擦涂

　　这种近乎原始的抛光方式简单，不费事儿，却是强化原木的最佳方式。没有异味，无须混合。进行这道工序的时候，我常常会想到老匠人和他们的手艺，想象他们是如何利用原生蜂蜡和刷子制造出美的。这道工序十分简单，用320砂纸打磨家具表面，再用一条未经加工的蜂蜡顺着纹路擦涂。全方位擦涂之后（不需要等它干透），再用软木木片或芦苇秆抛的光板（17世纪木匠最爱用的工具）擦涂。芦苇秆抛光板是为去除木头的纤维而设计成的。只需五分钟，你的桌面就会闪闪发光，涂饰也焕然一新。

外观：糙光，可强化木质家具天然的特性和着色。

常见于：线条清楚的大型家具、嵌板家具、细木护壁板、门。

历史：最为古老的抛光方式之一，长期以来一直用于抛光和擦涂木质家具表面。

适用于：新家具，细节不多、表面宽大的家具摆设（处理细节需要用到玻璃或石制工具），最适用于厨房灶台和餐桌。

优点：防水、省原料，不需要松脂，因为蜡不需要加热融化；简单易上手，只需五分钟即可完成；为你展现裸木之美。

缺点：只能在硬木和没有污点的木头上擦涂。

干蜡擦除的实例见第204页。

手工天然漆和虫漆

在现代喷涂式单层清漆出现之前，手工虫漆常用于制作晶莹剔透的水性光泽效果。欧洲漆家具的方法来源于对亚洲瓷器难以捉摸的传奇之美和光泽的复制。虫漆是一种神秘的透明化抛光技法，常用于博物馆级的古董及纹路鲜明的装饰派艺术漆器，以及以18世纪法国旧派和新派为代表的具有完美镜面光泽的抛光家具。

区分天然漆和虫漆抛光

清漆通常只是给木头涂上一层薄膜，法式抛光等传统漆技是对木头整体进行处理。因此，家具散发出来的光泽是木头本身的光泽，而不是外带的薄膜散发的光泽。

天然漆和虫漆的技法

虫漆

虫漆法是给木头涂上一层保护膜。虫漆是乙醇（俗称酒精）和紫胶的混合物。紫胶，常见于东南亚的树林中，是一种以树皮为食的雌虫分泌出来的树脂状物质，经熬炼、过滤、提纯和烘干，最后被揉成一张张小薄片，按斤售卖。其颜色有宝石红、琥珀色和金黄色三种。虫漆可以作为抛光涂层单独使用，也可以跟油或蜡混合使用，几乎可以跟任何材料一起使用。同时，它的光泽饱满，用途多样。（更多细节见第244页。）

外观：更注重用途，而不单单注重外观。

常见于：18或19世纪的古董，尤其是法式抛光家具和欧式家具。

历史：最早使用虫漆的国家是中国，且用于瓷器基座、黏合剂、化妆染料和储存食物等。随着马可·波罗时代贸易之路的延伸，欧洲人逐渐发现了虫漆。从那时起，它就一直用于抛光涂饰，以期跟中国瓷器一样绽放光芒。

适用于：在进行抛光之前的密封性涂层（一层虫漆相当于油渍和抛光之间的隔离层）。也通常用作蜡或油抛光之前的打底，是法式抛光的主要组成部分。

优点：用途广泛，无毒无害，干得快，用法简便；可以与别的颜色混合，是修复和更新家具颜色的不二选择。

缺点：不防水，不抗乙醇，不耐热。

紫胶虫

原产于东南亚，以树木为食，而后将消化的树纤维排泄在树枝上。这种原料（紫梗原虫漆）经收集、清洁、压碎和过滤形成紫胶。

法式抛光

　　法式抛光是上等古董抛光的经典方法。就美而言，无出其右。经此方式抛光的家具表面的纹路清晰可见。该技法主要用到虫漆、乙醇、浮石和几滴油，但所有的工匠都有自己的独特方法，并深信自己的方法才是最棒的。我年轻时，曾为试验这个看似简单的方法毁了许多家具。只要不过分偏执的话，可以随时停下来，然后用蜡完成。

外观：光泽通透，与镜面相仿。基于这种技法的变式包括混合染料和虫漆，增强背景颜色的纵深感。

常见于：18、19世纪欧式家具，19世纪的红木家具，装饰派艺术。

历史：工匠通常会寻求能够增加设计感的抛光方式。这些工匠们通过模仿亚洲漆器工艺和成分配比，达到了法国在该领域的最高水平。

适用于：用成型的木头和镶嵌细工增强古董和家具的清晰度、色调、纹路和形式。由法式抛光而来的改观：维多利亚时期的家具都能在古玩市场和跳蚤市场淘到，那些抛光没做好的老式家具更是一文不值。

优点：带来前所未有的清晰和美感。虽然从技术层面上讲，法式抛光所用的材料并不是最佳防腐漆料，但法式抛光的家具无须保养。法式抛光无须脱模和清洁，可直接进行修补、更新和强化，能为其他抛光方式打底。

缺点：操作需要实践经验，流程复杂。抗磨损能力低，防水性差，抗热性差。

法式抛光实例详见第172~179页。

法式抛光的思维倾向

　　我在十岁的时候接触到了法式抛光的技法。我还记得当时在用抛光垫给一件中国漆器抛光，漆器突然变得醒目起来，金色的书法和不同的镶嵌也再现出来，十分神奇。我就立刻明白了为什么它被称为"抛光之王，王者之光"。

英式清漆

英式清漆是简化版的法式抛光，是法式抛光省去了浮石填充纹路和最后比较困难的酒精亮色的过程。英式清漆能为19世纪的家具提供组合抛光模型，尤其是手工制红木家具。

外观：比法式抛光光色稍暗。类似于老式英国乡村房子或伦敦上流住宅区房子的装饰风格。

常见于：乔治三世、维多利亚和爱德华七世时期家具装饰风格。

历史：虽然我不愿回想英葡之争，但英式清漆能在短时间内及非专业的条件下达到法式抛光的外观。这是19世纪在工业思维主导下的副产品，那时人们常追求简单、快捷的生产方式。

适用于：19世纪家具，包括维多利亚时期设计样式和手工制红木古董。尽管英式清漆给家具浸染出老式的感觉，但其主要适用于硬木家具和17世纪后的家具。不适用于圆木家具和黑橡树家具。

优点：较法式抛光更为快捷、简便，密封性更强，易保存，易更新，无毒无害，是为老式家具上漆较为安全的方式之一。

缺点：不如法式抛光透明性好，只是涂层，而不是抛光出来的。这种抛光会随着时间的流逝变得模糊不清。

欧式漆器

16世纪，西班牙和葡萄牙的探险家们将第一批亚洲漆器带到了欧洲，立即引起了一阵热潮。他们带回去的还有大量仿制品，这些仿制品企图模仿水性光泽和深着色的技艺，但并不知道其中的原料是来自原产地的树木的树液和树油。虽然欧洲工匠们解锁了很多技能，但主要是指欧式漆器和日式漆器。配方包含甘油、虫漆、染料等多种混合物。其中一些技巧与清漆相似，只不过抛光度更高一些。其他的类似于法式抛光组合法，在背景上和涂饰阶段融合染料。

外观：深色，跟有光泽的油漆完全不同，更单调。能够产生出一种高光现代抛光所缺的温暖。

常见于：18世纪吸收或再现了亚洲漆器的欧式家具；维多利亚时期黑纸家具和小家具；艺术装饰时期到20世纪40年代的家居风格，直到化学漆料出现。

历史：为达到亚洲漆器的效果，欧洲人进口漆器镶板——矮桌面、屏风——把它们嵌入新家具。工匠们开始解锁新技能，先完善进口镶板的周围家具，最终从借鉴的限制中将其解放。

适用于：带有简单几何线条且需要特殊处理的家具；装饰艺术时期设计风格的家具。

优点：独特的光泽和深度，保养省事，只需定期除尘；可修补，可恢复。

缺点：易碎，需要实际操作，不适用于华美的家具和雕刻家具。

厄尼斯·马丁（Vernis Martin）

18世纪时，许多欧洲的工匠研发了一种特有的方法，再现东方漆器的高光泽和对比着色。这其中最有名的是纪尧姆·马丁和埃迪安·西蒙·马丁两兄弟。他们将柯巴脂、虫漆、威尼斯松节油混合在一起，以求再现东方漆器特有的光泽与颜色。鲜明的用色和精美的中国风装饰（用欧洲主题和特色重新诠释中国风）可与当时路易斯十五的洛可式相媲美。

油

　　传统的木匠过去曾经把油饰面叫作"清漆面"。虽然"清漆"这个词现在基本可以算作化学漆料的代名词，比如聚氨酯和环氧树脂，但是这个词实际上起源于古希腊语，来源于"berenix"一词，意思是"芳香的树脂"。在拉丁语中，这个单词变成了胎脂，"胎脂"一词起源于法国的"vernis"一词。

　　到了20世纪50、60年代，伟大的丹麦设计师将油的应用推到了顶峰。一切家具都流行斯堪的纳维亚现代的风尚元素，同时期在美国大批量地生产了类似设计的产品，因此这些木片便成为旧货商店的主打产品。甚至可以说，即使你阿姨的餐桌或者一个完美的咖啡桌的表面已经遭到了严重的毁坏，并且需要进行修复，但是它的外观线条仍然是完美的。使用传统的油饰面进行修复可以使这些受损的木板表面恢复到之前光彩照人的效果。

　　这些油饰面也有其他应用，包括建立耐用但柔和的外观，并作为其他饰面的外套之间的密封剂。石油也是用于装饰效果的釉料和着色剂的基本材质。利用石油可以实现不同的外观颜色和不同程度的光泽，这取决于你是用手擦十层还是用刷子刷两层。把油添加添加到染料中，以实现乌木色和漂浮木的涂装效果及其他的外观，或只是为了增强纹理木材的颜色。

确定油饰面

　　饰面的外观十分自然，因此你并不需要使用现代的清漆涂层。油饰面作为木材的一部分。油饰面的色彩应该更加光滑，并且表面堆积层不能太厚。

油技术

乌木化

乌木化技术会使家具沾染上深沉、丰富的色调，看上去就像漆黑的乌木。在19世纪维多利亚和第二帝国时期，代替乌木的通常是梨木，这是一种稳定的木材品种，可以将污渍颜色处理得十分恰当（这几乎是不合常理的，因为梨木的自然状态是金色的），并且拥有坚硬、紧致的纹理，其均匀性与稠密的乌木十分类似。如今，取而代之的通常是红木或更好的胡桃木，它们的暗纹基本上与乌木的完全相同。

外观：虽然人们最为熟悉的是黑曜石的色调变化，但是乌木化处理可以提供一个颜色相对较浅的饰面，类似于意大利浓咖啡的颜色。

常见于：维多利亚、第二帝国及新古典主义时期的木片，及19世纪模仿18世纪生产的经典木片。颜色较浅的乌木饰面在20世纪中叶时期的现代家具中十分常见。

历史：乌木化处理在维多利亚时代的英国和同时期的法国及第二帝国时期（拿破仑三世时期），包括之后的19世纪都是普遍存在的。现在这一处理方式几乎绝迹，当这种技术得以进一步开发时，乌木已经十分罕见，因此价格十分昂贵。这种木材也很难操作，它本身既脆弱又稠密。出于以上原因，在处理时最好的办法就是利用人造饰面使其外观与乌木基本相似。

适用于：受损严重的木片。颜色较深的染料可以掩盖多处受损处。乌木化处理是一项非常灵活的技术，它同样适用于一个造型奇特的路易斯十六时代的桌子或者是你从祖父母那里得来的旧桌椅。

优点：操作起来相对容易，经处理后家具看上去都还不错。

缺点：会轻微掩盖木片表面的纹理，因此，对于纹路美观的家具而言，该方法并不是最佳选择。这种技术可能需要多层染料来达到预期的深色调，而这一处理过程可能极为混乱。

乌木化处理的实例详见第162~167页。

油饰面

"清漆"一词起源于粗糙的现代化学品中光滑的涂层，包括聚氨酯、喷漆和催化产品，这些都不适用于古董。但从历史上看，这个术语是用来描述通过天然产品与溶剂的不同组合方式加工而成的木材：通常是树脂或树液与油（又称为树胶清漆）或松节油（又称为挥发清漆，之所以这样命名是因为它可以蒸发）混合而成。虫漆也通常被称为清漆。在19世纪的法国与英国，这些饰面的残留物十分盛行，它们很容易被误认为是法国打磨漆。

与所有传统的技术与产品一样，油饰面家具的修复和维护十分容易：即使油饰家具被弄断、弄脏，或者失去了油饰保护性的功能，也可以用清漆打磨并清洗，甚至不需要清除。然后再用虫漆或蜡使它重焕光彩。

用于制作油饰面的树脂类型

树脂类型	制作材料
松香	松树汁
柯巴脂	几乎成化石的琥珀
山达脂	来自非洲的树
阿拉伯树胶	来自金合欢树的树液
香树脂	来自一种枞树结构

油品词汇表

在制作家具饰面时有三种不同类型的油以供使用。

亚麻籽油。在化学干燥剂问世之前，所有的清漆都是以亚麻籽油为原料生产的。亚麻籽油进入木材中，可以形成涂层并保护木材。由于渗透和干燥的时间非常缓慢，亚麻籽油的表面很难干燥，因此，它们更适合应用于那些不太正式、饰面更有机，并且由更简单的木片组成的家具上，比如柚木桌子和旧式的乡村长椅等。它对于维护油饰面而言很奏效。等待亚麻籽油干燥确实需要很长的时间，差不多要一个星期之久。因此，最好一层一层地制作涂层。如果你操之过急，木材表面就会变得饱和，并且很黏。同时，随着时间的推移，亚麻籽油的颜色会变黄，因此，要尽量避免在较薄的木材表面使用这种油。

桐油。我个人更偏好使用桐油。对于我的精美的家具而言，我更喜欢使用完美的纯桐油。这种油来源于中国的桐树，与亚麻油相比，桐油所含水分更多，并且耐候性更强，因此它更适合于户外应用。此外，桐油干得更快。它本身拥有一个天然的重型干燥剂，因此，在涂了几层涂层之后，它便可以很好地达到干燥的状态，并且不会让表面看起来有清漆的痕迹。有些人会在表面上涂八到九层涂层。（虽然在没有适当的黏接或准备的情况下，涂得过多会留下变色的痕迹，但可以使用钢丝绒来解决。）桐油会使表面焕发光泽，因此你不用再使用亚麻籽油，并且由于桐油干燥的速度更快，它适用于范围面非常广泛的木材。

丹麦油。这是一种结合了聚合桐油、亚麻油和着色染料而成的一种油，这种油是中世纪丹麦家具工的宠儿，因此而得名"丹麦油"。现代的混合物可以为家具提供更卓越的紫外线保护，并且干燥时间更短。这种油适用于外部使用和生锈、黑色的家具。使用时需要涂四层以上从而对木材进行保护。

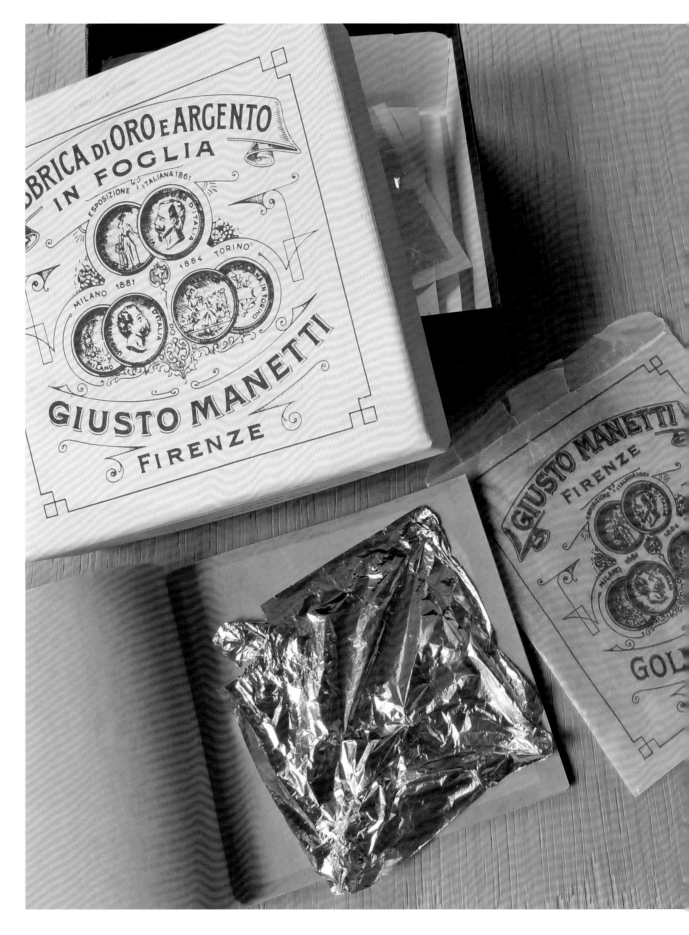

镀金

　　镀金是为了模仿纯金的外观。纯金是一种珍贵的金属，也是国王用来支付战争开支或债务的货币。这种古老的技术最早是使用厚钢板锤打木材，有时需要加热，以便与木材的形状更好地契合。（由于黄金的韧性，因此具有很好的延展性。）在过去的几个世纪里，家具制作的艺术性和选材越来越精致：金片变得更薄，基底变得更平整。这些都得益于更先进的木材制作工作，包括涂膏（石膏粉）和红黏土（红玄武土）。金箔是由两层小山羊皮或皮革之间的金块手工锤击而成的，最终形成一个超薄却富有弹力的箔片。

　　纵观历史，闪亮的饰面总是受到人们的推崇，想想图坦卡蒙法老的陵墓、位于普埃布拉的玫瑰教堂及路易十四的卧室就知道了；这种偏好一直持续到17世纪和18世纪。如今，许多人更喜欢材料表面因年久而产生的光泽及明亮的古色色调。要想在新制作的金箔表面达到这一效果，方法多种多样，从磨损到着色（包括严格保密的秘方），镀金也可以结合特殊的处理方式，以产生铜绿或为黄金浸染着色。涉及金箔的一些最流行的装饰技术，包括麦加饰面，均是通过用其他材料来模仿镀金的尝试中演变而来的，特别是银箔和清漆。

确定金箔饰面

　　方法十分简单：黄金是独一无二的。任何其他材料看起来都像是赝品。但是对于那些因年代久远而使旧件受到磨损或生锈的金子来说，真正的检测办法是观察接缝处及方格重叠处的细线。一片金箔片的大小总是一致的：差不多有三个手指的宽度。如果接缝之间间隔较远，那这块箔饰片就是由合金制作而成的，比如说黄铜或铜，如果没有明显的接缝，或者金子的色调看上去很像黄铜，那这块金片很可能已经被处理成金色清漆或金色漆料了。

镀金技术

水镀金

这是制作金箔片最精炼的方法。在制备由石膏和黏土混合而成的涂层的过程中，水是用来激活胶水的，要在应用松散的箔片前加入水。水蒸发后，金箔片会与底部的泥浆直接结合。（只要采用水镀金的方法，即使无法制作出完美无瑕的、平坦的金属饰面的薄胶水层，也可以获得成功。）因为水镀金的方法会使结合处更加完整，而不会使表面饰面较浅，因此可以将饰面打磨成高光状态，甚至在金箔干燥后添加清漆。

外观：光滑、完美的金色金属外观。

常见于：首先是从雕塑到祭坛等完好的宗教性装饰品，其次是18世纪的家具和壁板及当时所有的框架和镜子。意大利、西班牙和法国工匠通常使用金箔，巴洛克时期的德国工匠也是如此。

历史：黄金是表明身份的符号，是国王和贵族地位的象征，也有明显的宗教内涵，这也就是为什么在不同的文化背景下，黄金会成为最受教会及王室所喜爱的建筑元素，以及成为在制作雕像及家具时所采取的素材。

适用于：镜子和画框、床头板、墙板、雕像、椅架及装饰雕刻图案的深色家具。

优点：表面闪耀，但不会失去光泽。对木支撑结构的修补和修理所呈现的效果是无形的，因为石膏粉和红黏土将确保其保持一致并做到完美无瑕。奇怪的是，黄金本身也不需要维护，只需要去除表面轻微的尘土并且控制好温度即可。

缺点：水镀金是难度最高的一种镀金技术，因为它需要在应用的过程中做到完美无瑕。

水镀金的实例详见第184~190页。

油镀金

在该技术中，木材与金箔片之间的黏合剂是一种被称为上浆胶的胶黏剂。刷上这种胶之后，要等待它干燥，直到表面只有一点黏度为止；然后把专门制作的金箔片放到上面。由于胶水的黏度，表面摸上去会有点粗糙的感觉。对于水镀金饰面而言，许多人都更喜欢这个看上去稍微有点粗糙的表面，而不是看上去富有光泽的饰面。

外观：既可以粗糙，也可以光滑，能否凿出一个接近于水镀金的富有光泽的、表面光滑的饰面，取决于木板本身及制备涂层的处理方式。

常见于：意大利家具、文艺复兴时期的作品，年代久远的壁板（通常是直接在木板上采用油镀金的方法，而不是在石膏粉和木材的制备涂层上），及类似于模型制品等的建筑细节处。

历史：以往胶料基本采用油基，并且干燥时间长。如今，最常用的胶料是丙烯酸，并且在十分钟内就可以完成。（名字虽然是叫油镀金，但实际上，根本无法移动）。

适用于：对于初学者来说，这是在开始学习镀金工艺时的一种不错的方法。油镀金允许使用专门制备的金箔片，在下面放一张纸，在放置好金箔片之后，把那张纸移走。同时，也有利于打造一个富有年代感的外观，因为使用的是合成金箔片或者是由不同的金属品种组合而成的合成物，而不是使用真金。

优点：与水镀金方法相比，更容易操作（并且允许出现失误）。

缺点：由此产生的表面纹理不会拥有无与伦比的纯金外观。不能被打磨成金属质地（但是可以上蜡并且可以产生铜绿）。

油镀金的实例详见第196页。

麦加饰面

麦加饰面最初可以算作是赝品，因为银箔片被处理为黄色漆片，以此来代替金箔片。但从那以后，人们开始采取一些自由的创作方法了：在不同材质中混合不同的金箔片，使其相互叠加，或者在清漆中添加彩色染料。因此，麦加饰面已经成为这一类演变方法的总称，通常用于创造灰暗的、斑驳的铜锈。麦加饰面随着时间的推移而越发美丽：在虫漆的侵蚀下，银箔片开始慢慢地腐蚀，然后断裂，这一切都是毫无规律的。

外观：密集的铜锈，色调呈绿铜色。

常见于：意大利和西班牙的巴洛克家具、框架和雕像。不管它们不是严格意义上的麦加饰面，其中还掺杂了许多东方漆，使银箔片和金箔片的外观发生了改变。

历史：在17世纪，意大利艺术家发明了这一技术。

适用于：打造一个高度仿古金属的箔片饰面；顶棚和其他表面等，每片箔片之间不同的色彩将会得到完美的展现。

优点：极高的装饰性，并且根据使用的箔片类型及清漆的颜色，能够实现多种效果。

缺点：要想正确操作需要耗费不少时间。外观好看与否也依据个人喜好的不同而不同，并不是每个人都想要这种看起来"逼真的"饰面。

金漆

金漆是用来替代金箔的，它使用的是高质量的黄金清漆，而不是散热器用漆。金漆可以从镀金资源中获得，或者在高端的艺术供应商店购买。在修复工作中，我并不建议采用这种处理方式，因为你可能会损坏现有的金箔片。但是，因为它可以用来处理各种锈迹和漆料造成的问题，因此金漆也算是为了起到装饰性效果，给破损的木板上漆的一种不错的选择了。

外观：可以选用多种理想的清漆的颜色，以求实现时髦的艺术效果，如尚蒂伊色、特里亚农色、香槟色、金色、银色、锡色、铜色及粉色与绿色相混合的金色。

常见于：现代作品。

历史：如今，以化学为基础的金漆是一个相当新颖的发明。但它已经存在了几个世纪，作为一种不用巨额开销及人工操作便可实现水镀金的方式，比如油介质中的青铜颗粒。

适用于：新饰面；不得用来修复金箔片饰面。

优点：非常容易使用，若应用适当的话，可以作为真金箔片的完美替代品。

缺点：不能用于修复古董。我一定要重点强调这一点：我知道它很富有吸引力，但它有可能会损坏木片，破坏其价值。

金漆的实例详见第197页。

金箔片词汇表

石膏粉：一种质地坚硬的以石膏为基础的混合物，它被用来涂在木板上，将表面变得光滑且坚硬。你可以利用煅石膏（或者用粉笔）、兔胶和水制作石膏粉，但也需要预先搅拌。湿石膏粉与鲜奶油类似，当它处于干燥状态时，质地很硬，可以将其错综复杂的纹理切开，或者用砂纸打磨，使质地变得如同丝绸一样光滑。兔胶是一种动物制产品，添加了兔胶的石膏粉是有弹力的，可以随着木材基板的扩张和缩小而变化。

黏土：这种带有颜色的水基黏土浆被用来涂在石膏粉上，从而创建一个中立基地，以使金箔片或银箔片的色泽显得更加灿烂。它有许多种色调，最常见的是经典的红色，这种颜色提高了黄金的深度。如果你在雕刻细节处理方面有许多设计的话，那黄色应该是一个更好的选择。在金箔片的应用过程中，一些瑕疵并不会显而易见（这也是它总被用来仿制真金制品的原因）。例如，牧师在教堂里所用的饰品通常只有在正面镀金。从远处看，人是无法区分真金箔片与黄色箔片的）。也有黑色和蓝色的黏土，它们主要是用来给金箔上深色的漆。

金箔片：你可以选择不同种类的箔片，如14克拉、18克拉或24克拉（即双层）金，及钯、白金和银等。至于你要为你的木材选何种箔片，这取决于木材所需的色调，或者是哪个品种与你所修复的木材匹配度最高。后者有时需要一点猜测，因为即使是同一块木材，材料所产生的绿锈也不尽相同（在此可以咨询专家的意见）。箔片的大小一般都差不多，并且几个世纪以来都基本保持不变：大约有三个手指宽。用丝纸切割下来的松散的金箔片，可以应用于水镀金处理过程中。专门制备的金箔片是油镀金的基础，再附上纸和黏合剂；在应用时，应将垫着的那层纸从金箔片表面移除。

漆

漆料由各色染料与水、油的介质混合制成。为提高强度，提升亮度，确保色料稳定性，各式各样的添加剂渐渐地被加进漆料。从简单加入蛋黄到加入成分复杂的化学制剂，使之与同时期产品大不相同。尽管罐装的、提前混合好的漆料和能轻易获得的油漆为现代科技的产物，但家具上使用油漆的历史能够回溯至千年以前。特定的颜色与特殊的时代、特殊的区域关系密切——譬如，保存完好的埃及工艺品的色调。今天人们常说的尚蒂伊灰、帝国绿及特里亚农蓝。此处将对过去的两个主流产品——奶漆与皮胶漆料加以强调，这两者都能追溯至文艺复兴时期引入的油基漆。

鉴别漆料

此为最早的鉴别法之一，因漆料的半透明状态与分层会使木材纹理模糊。

刷漆工艺

奶漆

　　这种完全自然的水基产品是石灰和酪蛋白（一种牛奶蛋白）的混合物，它是以能加水润湿的粉末形态售卖的。奶漆是最古老的漆料形式之一，常在古埃及与罗马应用。数个世纪后，它被专业画匠们使用。这些专业画匠游走于各个村落之间采风，他们不停地变换工作，日常出行只携带着自己的刷子和染料。由于奶漆的副产品还有石灰，因此这些画匠们能在现场调制染料。

外观：成品呈现一种平滑的雾面感，尽管你能通过打蜡的方式让它有一丝丝光泽感。

常见于：早期美式家具，尤其是夏克风格的家具。

历史：根植于古代，各种形式的奶漆几乎在全球范围内得到广泛应用。

适用于：夏克风格的家具、古斯塔夫斯时期的物件，或者用于仿旧处理（见第198页）。

优点：通过向奶漆种中添加染料，能制作出自己想要的确切色调，或者重新混合颜色也行。奶漆的褪色过程也很美好，和脱皮或剥皮完全不同。你不用剥离木材或者重新补染，可以再刷上几层奶漆。奶漆适合仿古的家具，它可以让让家具呈现良好的色泽。

缺点：利用时效较短：就像一盒打开了的牛奶，接触空气中很容易变坏。同样，奶漆制品不像油基制品那样易抗磨损。户外使用时要特别注意保护，等上一段时间后再刷另一层外漆，以便漆料能与木材充分结合。

奶漆实例请见第198页。

皮胶漆

　　古老易碎的水基漆使用动物凝胶——出名的皮胶与兔皮胶——用作黏合剂。与少量橄榄油混合的皮胶抗性好，用途广，广泛应用于橱柜制作与建筑木匠工作。在中世纪与文艺复兴时期，皮胶漆品被人视作奢侈家具。较之奶漆，皮胶漆更加闪亮，且能经由打蜡生成一种美丽、深邃的光感，使得涂层升华为一种真正的质料。

外观：色调深而丰富，通常伴有丝绸光感，光泽美丽。

常见于：古旧多彩的雕像、台子及细木护壁板。

历史：和奶漆类似，皮胶漆的素材丰富多样；对工匠而言，能轻而易举找到使用原料——水和动物弃物。

适用于：因皮胶漆有良好的可叠加性能，对于需要多个涂层及需要额外绘制细节、饰物的清漆制品而言，非常受用。

优点：美丽坚固，无毒无烟，可应用于玩具制品生产，具备食品级材料特性。

缺点：因其对热度要求较高，混合过程略微劳时费力。正如所有传统水基制品，适当的配比保障了其稳定性。

怎么知道家具原有的涂装？

在决定重漆你的家具前，得确定家具原本的涂装有什么，如油、蜡、虫漆、清漆等。这些有助于确定需要准备的前期工作及能够选择的范畴。参考如下。

测试家具的原有涂装方式

家具涂装方式	特性	如何测试
现代釉制	表层恰如坚硬的、闪亮的玻璃外壳	丙酮或者釉质稀释剂会在轻微磨损后溶解清漆料
新清漆（聚亚安酯等）	外壳坚硬, 近乎塑料	水和丙酮不会影响漆料, 涂料稀释剂会影响闪度
涂油制品	漆过后成品显现自然木色	手指抹上亚麻籽油会被木材吸收
化学添加清漆制品	木材确定自带涂层，无论丝绒还是蜜光	水滴要朝上，且不能渗入。使用丙酮抹约一分钟会将清漆软化至一种不洁的黏腻状态
虫漆	一种透明的、如水的触感（法式打磨），或者一种温润的、古清漆制品的观感（一种简单的涂层）	在木材上抹上酒精会融掉涂层
涂蜡制品	一种温润的光泽和深邃的光泽, 好像由木材内部放射而出	用指甲擦木材会产生黏性物质, 涂上松节油会化入外包涂层

怎么知道家具需要什么漆料?

涂装是为了保护家具免受灰尘、曝晒、湿气、干燥等的干扰,增强木材色泽与纹理清晰程度。从美学与实用的角度来说,这样都能令人心满意足。关于漆料与家具匹配问题,这里有几点值得一提。

家具的呈现效果及应使用的涂装方式

家具的呈现效果		涂装方式
更干净	→	充分清洗,用砂纸把顶层打磨好
更古旧	→	上光上釉,巧妙利用不同的光泽
更正式	→	法式抛光打磨过涂上清漆
更质朴	→	打蜡
截然不同	→	剥落每层重新来讨
未涂装	→	干打蜡
自然色	→	表面涂油

第三章

家具清理

　　在进一步开始操作之前，必须完成如下几步准备工作。首先，拆卸五金及任何可移动或滑动的元件，包括门和抽屉在内，使操作人员在准备和操作阶段可以更好地掌控相关情况，在使用涂抹或剥除材料时更加方便。然后，彻底清洁家具，并进一步去除灰尘和污垢。同时采用剥皮或脱蜡的方法，部分或完全去除现有的物体表面成膜。注意，任何残留都将导致随后的涂层，如染色层、封层等与木材不贴合。一旦木材裸露在外，需要查看此处木材的状态，并开始着手补救、修缮及填补等相关工作。而后使用砂纸打磨以打造平滑表面，使木纹可以均匀地吸收染料及其他材料。如果需要，涂上染料后，可添加密封剂来保护染色后的成果。这一部分还包括两个可选的过程：在染色之前填平纹理，在染色时或染色后上釉。

　　我强烈建议你阅读这部分内容，因为它能让你了解涂装工作的基本技能、方法和原理。

拆解

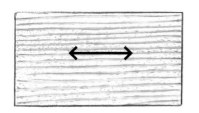

在准备工作或者涂装工序开始之前，要移开抽屉及其他可移走的硬件部分。

移走可移动的物件

确定移开抽屉、门、顶冠模具、内部架子及其他可拆移的部分，防止这些部件在操作过程中造成干扰。这样做也意味着再造过程更轻松，你的产品也会变得更加利落整洁。

拆解物件时对部件做出标记，注明它们是从哪里来的。（不要假想你能记得哪部分是上面的抽屉，哪部分是下面的抽屉。）使用标签或者低黏性胶带贴在下部、内层或者边缘。你的手机和数码相机也能为记录工作发挥作用。当你在拆解物件的时候，也许会发现原先用家具标号做过的铅笔印迹，若是这些记录仍能发挥作用，就再度利用。保留这些标记稀松平常，你也可以在家具的隐藏部位留下自己的铅笔痕记，方便后辈利用。

移走硬件

你的家具越原始，重新涂装的过程就越简单，最终成果也会越显著，所以要移走硬件。然而，有些部分根本无法移动。如果你拉动某个部分发觉它被卡住了，用斧子加以辅助。旧的硬件通常已经遭到破坏，组装很不顺利，不要强行拆卸。

那么，我建议移走你觉得舒服的金属制品。首先，你可能会清洗或者重建硬件（见第276页"硬件"）。其次，当你为了涂装移走所有硬件，再把它们组装起来的时候，有利于提高工作的利落程度和整齐程度，作品质量会因此得到保障。与此同时，拆解移走也降低了损坏硬件的风险。在移动过程中要对把手等装饰性部件优先考量，因为它们通常最容易移动且最为显眼。

随即逐一移动比较精细、具备功能的如铆钉、锁头一类的部件。把各个部分放进自封袋里，用独一无二的标志区分每个部件。有趣的是，无论你采用什么顺序去移走哪个部分，最后被移动的总是最难被移走的。

若是不能移走某些硬物，仔细地保护它，在它周边涂上清漆。用白色遮蔽胶带护住金属，用美工刀把边缘处理干净。每一步骤之后替换胶带，在干掉前，因为肩带倾向于变黏，产品物件可能会漏出来。

装回硬件

涂装的最后一步就是把所有硬件归回原位。很可能你必须把有些坏螺丝钉和黄铜钉子换掉；一些建议和意见请详见第276页"硬件"。仔细调试以便每个部件都方便操作，尤其是滴型手柄需要仔细确定它们的角度，保证垂度正好。最后归位轮脚以便维持物件稳定，因此降低了物件走"溜光大道"的风险。切记，一块硬件，即便是装饰用的，没加以保护或未摆放得当的话，最终将会给你的家具造成损失。

你需要的材料

■ 剥皮啫喱

剥皮是我会在工作室里进行的为数不多的涉及十多种化学制剂的作业。有些天然的、生态友好型的剥皮剂掺杂碱液，它能灼烧木材，使木材的颜色变得暗沉，所以只在事后染制物件或者刷上暗色调漆时适用。其他天然剥皮剂以柠檬为基础原料，尽管它们不能使木材变得暗沉，对于坚固的漆层不大起效果，尤其是经过现代化学制剂增光添彩的清漆制品。对于家具，一个剥皮凝胶能够作为最佳选择。剥皮凝胶不同于液体剥皮剂，产品长期起效，不易脱落。

■ 塑料刮片

避免金属器具，它们过于锋利而可能刮花脆弱的湿木头。你可以考虑购入一个适用的塑料刮片，但我更推荐使用旧的信用卡，它们可以用剪刀修剪出特定的角度、弧度，方便清理模具，清理细节及侧面。使用卡片之前要先记得打磨处理，以生成一个漂亮的、顺手的角度。

■ 一个容器

用容器接住你从家具上刮下来的黏性物质。为此，我积攒了塑料制的外带收容器具。

■ 两双手套

佩戴手套时一双橡胶手套再加上一双更为厚重的、抗化学侵蚀的手套。依照此法，若想在处理细节部分的同时得到保护，就应该去掉那双厚重的手套（同时保持手的清洁）。

剥皮

重漆家具之前，你可能需要剥离损坏的漆层，尤其是清漆，日久天长显得又旧又黄。

造出一个平整、一致的基底需要完全移除木材表面的包膜，随后就要细致地清理每个表层。剥离过程又脏又累，但能使家具焕然一新。

当按照程序执行，采用保护措施且应用恰当的工具时，工作会完成得又快又好，结果也会十分喜人。移除过程也很有诗意。经由曝光，先前修复、修补等的痕迹间接或者直接暴露了物件的独特"人生"。接受这些不期而遇的、使人颇感错愕的美吧。正如让·古多克所说的那样："因为我们对于过去一无所知，不妨假想自己一手造成历史起源。"

家具

我正在展示的这个筹备步骤，是在20世纪40年代普遍流行的基于一个配着扇贝状侧颜的法式梨木台子，它的设计本身就对剥离技术提出挑战。现存的清晰漆层也很厚实，必须采用多层剥离技术。

1.将剥离剂倒入碗中。用刷子小面积多频次将厚涂剥离剂在家具表面涂上厚厚一层，一次不要超过2平方英尺（1平方英尺=9.29平方米）。用刷子抹胶不要过度用力"绘制"表层；涂刷时刷子使剥离剂接触空气的效力减弱。

2.待剥离剂生效。只要胶是湿的，就可以保持作用。有时剥离剂会拉起漆料并在三五分钟内冒泡；有时需要等个半小时。

3.将剥下的残余物放入容器。这并非一个精细活，你应该让化学试剂物尽其用。事实上，如果剥得太用力，会损毁木材。平整的面板通常美观且易于打理，而细节和裂口确实难以清洁。

4.依照需要重复操作。在涂层刷制期间等几分钟，直到家具完全清洁干净。正如我所说的一样，你可能需要刷上几个涂层。如果觉得沮丧且看不到进展，等个一天，醒醒脑子，从头再来。没人会保证所有漆料一次就干，尤其是谈到剥落工艺的时候。

5.选择性方案：为了彻底清洁，你可以用细铁丝往木材里抹上液体剥皮剂。

6.风干所有表面：最后，用变性酒精浸湿的抹布擦拭物件。

7.安全处理残余物。专业工作室配有收拾废料的服务，但你应当把黏性物质倾倒入最初用的那个剥皮剂容器罐，且拨电话至市政厅申请废料处理资格。（别把它倒进你家水槽里。）

你需要的材料

■ 丙酮

这是我喜欢的脱蜡方式。无论你打算轻度清洁或者深度处理，绝对要杜绝使用在五金商铺里觅得的强性化学剥离试剂，因为它们是为厨房大门或者工厂设备设计服务的，对于古董家具，这些试剂效力太强。同样，要避免使用各类商业去油剂，除非你的试剂是从一家精工木匠分销商那里拿到的，它们足够强效且也安全。但绝大多数情况下，丙酮是更好的选择。

■ 合成毛刷

■ 抹布条

质软毛条子用作理想布条。越是强力的清理，越需要使用强度从00到0000的钢丝绒。

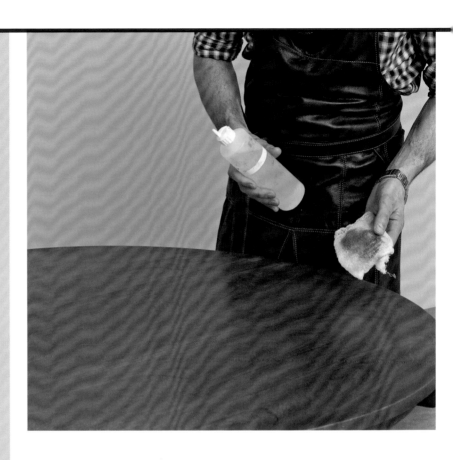

脱蜡

如果你的家具已经上蜡，你可能在操作前就能想到要移除部分或者全部的涂层。蜡容易干掉且呵护不当就会积灰累土。你用多少蜡取决于准备动用多少技能，还得考虑美学偏好。如果你喜欢保留现有色彩并讲求应用新层封顶，使用较轻的清洁方式，能去除顽固污渍并恢复花纹锐度，同时保留原作漂亮的古朴质感不受影响。最后，避免在脱蜡家具上落水基，造成晕染和胶漆痕迹。

标准操作流程

用刷子一块一块涂抹丙酮，使板子保持湿润状态，等待几分钟。当尚存的涂层软和溶解，利用抹布擦除。若还需要，重复这一过程。按照意愿或多或少去除余蜡直至木材本身的颜色重现。

轻松版

用轻微湿润的棉制碎布轻柔地抹上丙酮。这样就能最大限度地去除脏污和污垢，同时保证本色。

复杂版

对生锈的、坚固的木制物件，你能使用蘸满丙酮的0000钢丝绒进行有力的清洁。轻轻地在物件上按照纹理逐一进行移动砂纸。在另一只手上放块抹布，双手并用，善后处理：用右手拿砂纸搓，用左手抹掉黏性物质。随后，用被丙酮沾湿的碎布块细致清洁。

不要混淆铜绿和污垢。

年复一年堆积的蜡层，如果不清洁会生成一种黏腻感十足的涂层，使得细节难辨，本色不正，木器难美。这是污垢，不是铜绿。恢复木器的光泽要脱除既存的蜡层和黏附的污垢，且处理一定要谨慎得当。诸如此类的保存及重修过程，确保了古物的长寿长存。

变体

有目的的、松散的打蜡过程能帮助你将家具打理出一种古朴的色彩。任何水基产品都能紧随其后应用，譬如奶漆，并不会直接黏附上蜡的残余，生成一种带斑驳感的、镜花水月般的效果，或者是久经岁月沧桑的效果。此技艺的实例请见第198页。

故障排除

如不能移除所有蜡膜或者担心毁损家具，但仍打算重新涂装，尽可能将其清理干净，随后用油基染料再漆过。因为它们使用和蜡一样的媒介，将渗透并且和现存的漆皮结合。随后你能安全地利用亚麻籽油和桐油继续涂漆。如果需要还能盖蜡，也很安全。

你需要的材料

■ **填料**

多种原料可以应用于此，详见第246页"制作你专属的填料"，生成一个厚度不同的产品；像面团一样有一致性较为适宜。

■ **牙签**

有选择的话，你还能使用木棒

■ **百分百的棉质布条**

■ **酒精或者丙酮**

填补洞孔或缺口

重构缺失部分，如损坏的脚、破了的角，你在已经剥离并且已经清洁过家具后还得填补洞和缺口，在任何磨砂、染色或者漆制工序前就该完成以上步骤。这样能够创造出稳固的底层，且一块稳定的帆布有助于进行接下来的工艺程序。我在第260~289页描述了大量常规修复工作，不过这里我想介绍一种快速的填充方法。

1.把填料填进洞里,或者用手指头一点一点抹开。在填洞时要更加地认真，在没有其他办法的时候，用一根木棒或者牙签把它们挤进洞里。

2.填充阶段，反复这个过程；填料总会收缩一点，等到它足够干时再重新填充。干燥的时间取决于使用的填料，一般为一小时到一整夜不等。

3.用抹布擦除多余的填料，用浸润填料的同种媒介浸湿抹布，一定要在定型之前完成。

4.瞧！填充的缺口和周边的木材有相同材质。在下一步磨砂过程中，你需要抹平表层小凹槽。

传统填料替代品

蜡条

　　填缺补漏时会用到的其他便利材料之一便是蜡条，从优质木匠分销渠道即可购入。通常可供选择的颜色有枫叶红、橡树白和胡桃茶。它们能混合在一起创造出所需的色调。这种产品的优势显著：无毒，便利，干净，快捷，风格多样。你甚至能够将一种漆料（特别是蜡）直接应用于上层。因为蜡质易干易硬，这个填料不适用于重建遗失部分，除非这是你从未操作或者触碰过的家具。使用时，扯裂物件，用指尖揉捏它，填充坑洞和缺口，随后用塑料卡或指甲盖细致地刮去残留。

硬虫漆棍

　　硬虫漆棍有不同颜色可供选择。你在为古器褪去涂层时可能会看到这种填补手段，同时会因其修复时的惊人一致性感到意外。硬虫漆棍不像蜡条，虫漆遇热化作浆状（而非胶质），此种物质，滴入洞坑，转瞬即干。我们了解它的使用方法，但应留给专业人士操作：烧焦的产品，热量的损耗及烧着的房子……都是你想避免的。

砂纸类型

干湿两用砂纸：优势就是类型多样；使用干燥的砂纸或者把它点入水或油中润滑。

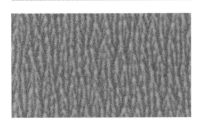

干切砂纸：精装家具常见的一种砂纸，表面附着润滑剂以便磨砂顺畅。

石榴石砂纸：除非你要使用十分粗糙的木材，几乎未经处理的那种，否则切忌使用这种五金店随处可见的砂纸。质料太过粗糙，不能为精美家具锦上添花。

磨砂

　　我年轻的时候，常会花一整个下午时间在父亲的工作室里打磨家具。磨砂并非最精美的涂装手段，但却是用得最多的一种。任何一个工匠都会告诉你良好的准备是呈现最终良好效果的关键，磨砂是这个过程中的中心环节。没有焕然一新的表层很难有焕然一新的结果。磨砂是涂装的基础，能够创造一个干净、平整的平面，以便进入下一个步骤。

磨砂的目的是让木材尽可能平滑、整齐,使它们在涂装时变得更加符合需求,并且确保木材能均匀地吸收染料和其他漆制品。你磨得越多,木材越平滑,微观上越均匀。

粒度

砂纸根据其粗糙程度进行编号:含砂低的数字小,越粗糙的,号数越大(通常指的是砂子或者玻璃粒子数量),能去除的木材越多。高粒度砂纸更适合更为精细地去除表面粗糙。

当你对一个物件进行磨砂处理时,一般来说,你会从低度到高度,从下往上,从轻度磨砂到重度打磨,不间断地按粒度进行磨砂工作。尽管你能一下子就使用20000粒度的砂纸用来打磨汽车,通常来说,你用到粒度220的砂纸时就可以停下了,这样能保障涂色到捆绑工作能够在光洁的木材上进行。

常见粒度

粒度	使用
50~100	不要在精美的家具上使用
120、150	应该留给锈迹斑斑与极度破损的古旧物件
180	从这个粒度开始,精美的家具可以使用
220	如果打算染料,就停在这里吧。一块新砂纸会收紧纤维打磨木材,甚至在你打算深染时挡住颜色渗入
320、360、400	如果你打算用法式抛光或者不想浸染物件,就停在这里吧
500、600	涂层间磨砂用(如下所示)

磨损

磨损是用来描述涂层间的轻度磨砂的,用这种手段可以除掉附着在漆面上的任何纤细的灰尘。你不会想要刮磨漆料或者摩擦涂层,你只想轻微移除瑕疵和湿润的涂层表面的灰尘。只用你手的重量,一次性处理完毕,三十秒钟就能完成。但要切记使用精细的砂纸,粒度切不小于400,若家具已经涂装,可使用粒度为500或600的砂纸。我的建议是,先用500粒度的砂纸,若污垢去除不掉,再用粒度稍低的。

如何折叠砂纸

1

将砂纸折叠多次，然后用直尺切割成六到八片（别用剪刀，那样你会毁掉刀片）。

2

把每小块折叠三下，用作打磨那面朝外。

3

现用现扔（这就是你为什么要让块头保持很小：省纸。）

如何包裹海绵磨块

1

把砂纸切成四块。

2

用一块砂纸包裹海绵。

3

弹性减弱，变柔软。

如何折叠木块

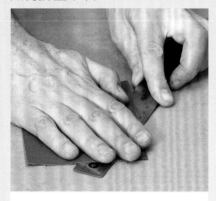

1

我更倾向使用磨砂海绵，但是你也可以用一个类似大小的木块，用四分之一大小的砂纸包裹住。

2

切一小块类似大小的软木，这层软木会让木块用起来更顺手。

3

把软木片附着在木块上，紧紧按压。

4

用砂纸从下面包裹住木块。

5

保证砂纸是紧紧贴在上面的。

6

准备使用。

如何磨砂

1.总是用手磨砂。用力磨砂很费事，而且在家具重新涂装方面没有好处，这样会在木材表层留下痕迹，划痕和污渍。

2.在干净的环境下磨砂。你不会希望先前阶段中产生的污渍或者粗糙木屑刮花表面。

3.先用合适粒度的砂纸进行打磨（见第117页）；随即先在不起眼的位置用砂纸打磨测试。

4.均匀用力地打磨（若只是想要让木材平整一些时，请压得更用力些。）当你接着工作时，会发现打磨压力相同时产生的扬尘会更少。当木材摸起来更顺滑时，准备进行二次打磨。切记不要过度打磨：一小块桌面，每次打磨时间在5~10分钟。

5.用手掌抓砂纸打磨。因为较小的凳子或者桌子腿需要这么处理。但对于更大件的，像是桌面，用砂纸包围一块，或者用海绵确保磨损程度一致。（当你想空手时，你得知道手尖和掌心并不相同。）一块木材做法经典，但若操作下手稍重，木块四角可能会对家具造成耗损。我更喜欢用砂纸包裹海绵，或者包块软木进行打磨。

6.使用较长的、不易断的木棒，从家具一端到另外一端，不要抓花。

7.不间断打磨，直到最终实现目标。不要停下来。每次打磨都有助于实现最好的最终涂装效果，没人会想错过打磨带来的好处。

8.打磨期间，细致抚平木材表层，用粗糙布料或酒精浸润的小布条。（不要用水，那会泡胀木屑的。）你不会希望上一步骤产出的粗糙的木屑抓花正在生成的更为精细的表面。

9.在进行到下一步骤前，做好最后的清洁工作，通常会是染色。

钢丝绒使用须知

　　钢丝绒不可以用作磨砂。它是为了清理木材或者增添效果的。它不能作用于平整表面，而会抓花表层，通过去除一点木槽里的木材碎屑来体现上下纹理的质料。对比来看，砂纸是用来打磨木材表面（如波浪的颈脊）使其表面均匀、光滑。

变体

风化

　　你若想要一件风化的古器，或者是仿旧的漆品。按我刚才建议的对立面来做就好，首先用高粒度砂纸，如220粒度的砂纸，忽略掉所有低粒度制品。这样也能除去一些污垢和不规则的木材，让表面变得平整。结果就是有些部分比其他地方污点更多，创造出一种特意浸染的效果。

平整

　　为造出一种超级平顺的漆面，有些工匠喜欢用湿布块润湿纹理，以便进行更细致的打磨。水会增加木材的粗糙程度。这种技术同使用一柄多个刀片的剃须刀刮胡子一样：第一个刀片剃掉毛发，以便其余的刀片能切得更深。考虑这种技术时，你能尝试着用它重新涂装成需要的紧凑纹理和超高光度。

磨皮

　　有些重新涂装的工人会使用金属刮皮器打磨，但是对于没有经验的人来说，通常会削弱、刮花木材。我不建议你在不会的情况下就使用它们。我最常使用刮刀来制作镶嵌细工和镶花，因为这两种方式不能打磨、灼烧或者深染，这就需要大力清除。一个可以接受的完美的方案是使用剃须刀刀片。

染色

木材表面染色是为了强调自然色调，用装饰材料强调其存在感，或者给予木材一种截然不同的特色。譬如，让廉价的木材变得珍贵或使色彩更加丰富。染色也能实现特殊目的，如让同一件家具的木材不同切面色调均衡、统一，或者帮助修复区域与增补区域，使其融为一体。

在所有情况下，染色的关键就是通透，它的目标不是像刷漆那样模糊木材纹理，而是增添一抹水洗质感，好让纹理尽显。你能通过化学反应染色，譬如漂白，或者天然染料，这更常见。染料常和以下三种介质之一混合：油、水、乙醇。我个人喜好是酒精染料，它们与木材结合性高，染色效果最为自然。这两种介质在刷漆后都会蒸发，留下色料。除此之外，与水同乙醇同用的色料易溶解为分子，能深入渗入木材。对比来看，油基色料由更大粒子组成，这些粒子分布于木材表面，稍做遮掩。还有部分可溶性物质与之同干，使得纹理更不清晰。

也就是说，并非所有媒介都适合染色处理。当我们选择了染色，你需要考虑得不光有媒介，还有媒介如何与不同木材反应。有些粒子美好地吸收色料；有些形成斑点；有些能够纠正颜色，使之成为其他种类。木材越软，纤维越陡，成斑风险越大。它有个特点就是，能被采集起来，给予家具一种年代久远的美，斑驳多样的状态。

自然染色和染料

甜菜、咖啡、茶叶、姜黄、蓝莓等都能用来给木材染色。尽管这些自然着色不算十分稳定，需要几次染制才能实现更深效果。从专业角度来说，我把它们用在乙醇和水为基的染料干透之后的细微之处。

木材染色

	水基染料	乙醇染料	油基染料	化学制剂染料
干燥时间	3~4小时	立即	整晚	整晚
使用方法	用块抹布或者一把人工合成的脆毛刷	应在面积较大的表面上进行。平滑移动保持边缘湿润, 避免重合	用块抹布或者一把人工合成的脆毛刷	需要保护 (手套、口罩、防风镜)
优点	容易操作; 几乎和所有的涂装都兼容	有良好的抗紫外线辐射稳定性, 适用于张开毛孔的木材	油基媒介能够保护木材。包裹性好, 不突显纹理	能够产生仿古和其他特殊效果和独特效果
缺点	突显纹理	多烟雾, 在大的表层上普遍难操作	干燥时间长, 透明度低	突显纹理, 化学制剂对人体有害
填料	乙醇、油基作底	水、油基作底	可能的油基填料; 先尝试水基样本	油基
最好涂装方式	蜡、油或虫漆	油或蜡	油或乙醇	几乎任何涂装方式都可以

染色类别

媒介都有优点与缺点，使用起来要根据情况看哪种最适合。

乙醇基

乙醇基染色的最大好处就是能渗入木材深处，创造出一种美丽、透明的色调，并且能快速干透，几乎瞬间达到。这意味着，你能马上刷漆，或是增添些许额外层次，以便成色。你能在几分钟里实现完美化的深乌木色染料，对小面积家具最好了。

优点：透亮度无懈可击。干燥时间瞬时性强，所以刷漆能紧随其后。不会突显纹理。

缺点：应用起来稍有困难，因为媒介干燥很快；必须均匀刷漆使其不重叠，所以最终颜色要比想要的更浅。在通风处使用。

水基

水基染料价格最便宜，也好用。水基染料应当避免用在有开口的家具上，因为你不必把木材表面全都盖上，这样会突显家具的纹理。水基，比起其他种类都更加注重干燥；否则，湿气会聚积在漆料下，且会有泛白痕迹显现。缓慢干燥过程前要暴晒一段时间，这意味着其使用有很大的局限性，因此，大件的家具比较适应水基染料。另外一个优势就是水基染料的灵活性。你能很轻松、很快地稀释水基染料，或者持续加水直到得到你想要的结果。若是你不喜欢这种颜色，你可以立刻洗掉。

优点：容易使用，容易混合，容易交叉混合，容易加亮，容易加深。若不喜欢这个色调，把它和其他颜色混合，并且修正颜色。

缺点：水能突显纹理，所以你能在涂层间磨砂。不推荐加在木材上，特别是预先刷过漆和打过蜡的木材，除非你能细致地清理残存的漆或蜡。

油基

色料通常通过稀释进入丙酮或者其他油基溶剂，创造出一种更为厚重的色染方式，能更大程度模糊木材本身色彩。在任何其他续接漆染过程前，必须详尽、细致地对其进行干燥处理，等待的时间可能会有一些漫长，至少一整晚。油基溶剂激起烟雾会有些许停留，所以应用一个并制通风区域配合工作。由于油基燃料和大量漆品很好混合，就恢复先前漆品的色调而言很是方便。但不要对面罩下手过重，以免能显现而非模糊木材。

优点：最易操作。（现在的油基都混合着密封剂，但我不想推荐在给古董和传家宝上使用。）长时间的曝光强化了使用的平整性。重复涂层能够模糊木材纹理和颜色，从而能够以极具艺术气息的方式模仿其他珍贵家具。不要突显纹理。

缺点：染料涂在木材顶部，创造一层膜。带着产品和染料，这些染色处理必须一夜干掉。毒性烟雾需要风口处理。

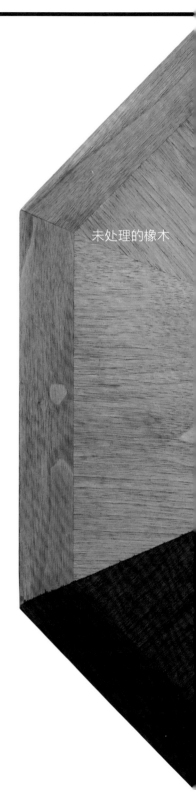

未处理的橡木

水基

油基

乙醇基

化学染色

有些非常普遍的家居制品及食品，能够创造出很奇妙的色彩。当使用这些材料时，你要戴上一个面具、护目镜、一副手套，穿上适当的防护服装。

氨

用蘸着丹宁酸的刷子随意地在木材，比如橡树上面刷，把它深染成一种可爱的颜色。刷上一层，晾干整晚，随即用10%的白醋溶液中和，这个过程同样也能使木材老化，展现出一种漂亮的色彩。使命派家具魅惑的棕色色调和两种纹理背后的秘密是氨熏：家具会在一个封闭的房间里与氨浓缩物密切接触一整晚。

漂白

漂白会提亮木材，或者在某些情况下使木材产生黄中泛绿的外表。从五金柜里拿出一套漂白套装。根据需要可以随意使用并重复多次，允许漂白剂在涂层之间停留一晚，直到实现你想要的效果（见第149页）。后期你能中和漂白，尽管并不必要。使用合成毛刷，因为漂白会使自然毛刷掉毛。

醋酸铁

这种化学制剂能为木材增添一抹漂亮的灰色，浸泡在丹宁酸中，风化的颜色能够给予木材本色另一抹色彩，譬如橡树。用涂料稀释剂浸湿一块钢丝绒一个小时，任它干燥，并用水漂净。（这可以去除工匠刷在钢丝绒表面的

用来防止生锈的保护油层。）随后将钢丝绒放在白醋中浸泡整晚。在木材上摩擦湿布，使其作用于纹理；家具干透就会产生反应。（你能通过这种方法增添任何木材的丹宁含量：在容积约为1L的碗里加入10勺红茶，沏茶后晾凉，随即用茶水涂抹木材。任其干燥，接着进行先前的过程。）

重铬酸钠

各大药房均有销售，这种制剂能给木材增添一种丰富、古旧、深邃之美。

碱液

这是一种加深樱桃木颜色的有效途径，它没法让普通染色顺利进行。把一勺碱液混入三杯冰水中，再用刷子刷。等一整晚的时间就可以了。

酸橙

这种酸被用来创造出腌渍的或者粉饰的漆面，使得木材抗虫、防腐、抗霉。着色很好，但却非坚硬外壳，所以能让纹理显现。它在松柏上显现很好，能使松柏木材很好地燃烧、老化。

日光曝晒

紫外线是另一种让樱桃木等木材颜色加深的方法。把一层亚麻籽油覆盖在上面，让家具在户外温暖明亮的光线下放置一两天。这个过程中樱桃木变为一种绸般的、深沉的颜色；胡桃木为棕色；柚木变为银色；雪松变为橙色。而像桃花心木枝等其他木材被置于户外的话，会使木材颜色漂白过度。

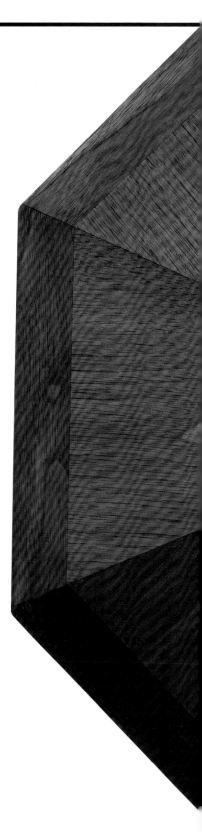

选择你的色彩

　　很多人问我:"克里斯多夫,正确的染料颜色是什么呢? 是亚麻色、乌木,或者简单的栗色?"我的答案就是,关于判断对错这种事没什么又快又好的方法;你喜欢的就是正确的。从抽样开始,观察染料放在木材有何反应,能变成什么颜色,怎样使用和风干,你准备在顶部抹上什么等,这些决定了对你而言的正确颜色。一些染料和一些木材能够创造很多颜色。现在,我们在橡木桌子上面用了七种颜色,你看到变化了吗?

木材的种类、特征、最佳染色方式及建议

木材种类	特征	最佳染色方式	建议
山毛榉	精致木材	油或水	避免深度染色
桦木	不容易吸色;易生斑点	油	考虑轻微密封再染色
樱桃木	不容易吸色;易生斑点	浅色染料	考虑日光浴,会使木材自然深化;或轻微密封再染色
栗木	容易打磨,不要过度用砂打磨	任何染色方式	避免染色太深(已经有了可爱的深棕色调)
乌木	非常硬的木材	不必染色	用非常精细的细砂打磨出最完整的表面
桃花心木	开放的纹理;避免水基染色	油或乙醇	轻微棕色调的染色会抑制其自带的橙黄属性
枫木	不容易吸色;暗色带斑	浅色染料	考虑轻微密封再染色
橡木	坑洞明显,纹理深刻,适用于特殊效果和做旧效果	油或乙醇	细致着色,不然坑洞可见
杨木	染色不均,好吸收	油或乙醇	涂层重复染色,会使其看起来像另一个品种
松木	质地柔软,染色不均,好吸收	油或乙醇	涂层重复染色,会使其看起来像另一个品种
柚木	非常油腻的木材	油或乙醇	不用染色(只用柚木油或蜡即可)

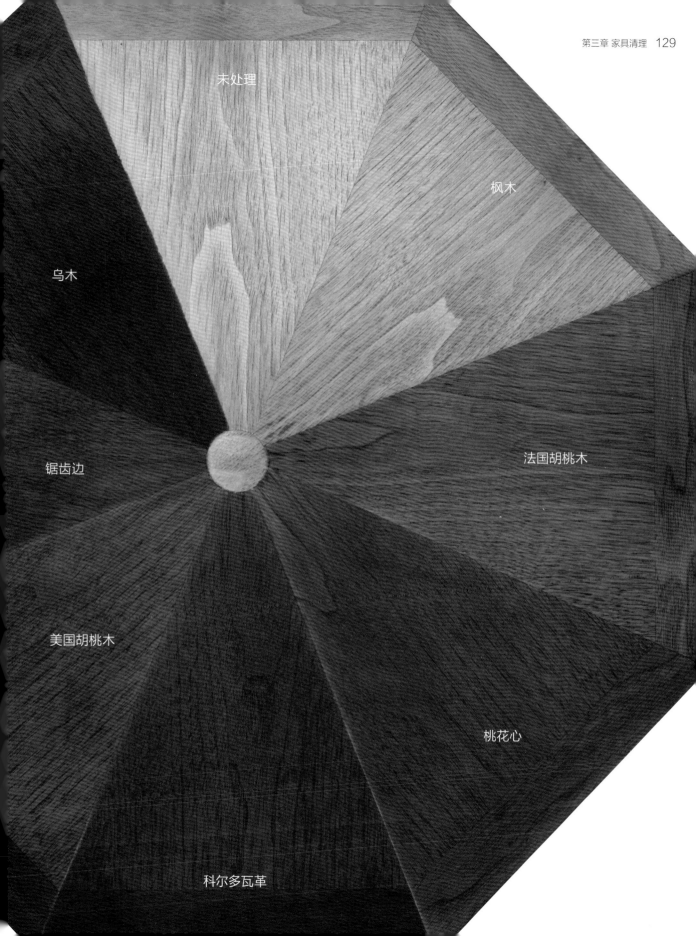

未处理

枫木

乌木

法国胡桃木

锯齿边

美国胡桃木

桃花心

科尔多瓦革

如何染色

染色之前应该进行一些准备工作来恢复木材本来的面目。有可能需要剥皮，或者至少要用酒精好好清洁。你得先去打磨一下家具，但是砂纸粒度不能超过220（我甚至推荐180），因为过度打磨会使纹理太过封闭并且影响染色吸收。

1.进行总览。染制物料以前，我喜欢总览下家具，用干刷子预演下自己要在哪个地方以什么次序刷上漆料。这个步骤十分重要，特别是谈及不能长期接触空气的产品的使用问题时，你不想把它搞错，也不想觉得太过匆忙仓促。

2.虫漆封住纹理末端，以使表面更平整。部分木材如桌子的腿和桌面边缘，它们在被剪切时总会有很多边痕，因此比起表层更能吸收染料；木材几乎会成黑色。烈焰桃花心木及拐杖还因此有多节饰面等类似的问题。你应该想在染色前封色，以便使得染色更加均匀。

3.染色应用。绝不直接浸染木材。使用板子染更大的各种表面，用小刷子去深入裂纹缺口和犄角旮旯。时刻保证把两样工具放在手边。两样工具的有效结合，能够使每个裂纹和角落均匀上色。针对纹理清晰的木器则更加有效。顺着纹理来。

4.从抽屉开始。绝大多数涂装工人都建议从显眼的部分开始，但我推荐从相反方向：从主要位置开始，如抽屉、门，最后再处理边框。为什么呢？因为不用这种方法，匠人对边框部位更倾向于模糊处理。加上更小部件应当经由调试贴合前部和中部，而并非另谋他法。我喜欢从抽屉开始弄。那样的话，你能拿着个抽屉四处比对家具颜色，举高一些进行比对确保颜色能够匹配。

5.染色时尽量一致。若你正在给大件家具染色，要使线条平整。你甚至会想要用到同一只手去浸染整个家具：在你臂膀酸麻之际停下来时请不要让其他人插手。

6.等染料干掉。涂装染料之后，让家具自然干透（见第123页表内所示各种染料干燥时间）。在每步涂装程序完成以后，把家具放回原位，拉上抽屉，关上大门，确保每件东西有序一致。把抽屉和门开着只是为了能晾干得透彻。

7.根据需要进行调整。你可能不得不在染料正在变干或者已经刷了第一层漆后调整染料：比如说一条腿可能不能像其他那些一样吸收染料。只要你还没有对作品进行封存处理，就能够继续调整颜色。使用一块浸湿的抹布即可。正如先前提过那样，水基或者乙醇基的染料更易处理。乙醇速干用时很少，你能快速增添额外涂层，若是有水在手上你能调整工具让它更轻、更深。（若你洗去水渍，会比平时突显更多的纹理。）

8.涂层间风干。让你的涂料在涂层间彻底干透，以进行下步工序。这里不需要磨砂，除非纹理很明显。因为染色只在表层，少于3.8cm深，轻微磨砂即可。如果需要的话，重调颜色或者色调。

9.作品封存。一旦你对色调满意，就可以开始涂装。第一层可能是封存剂，这就能帮助你固色，避免让封存剂和你将刷上的其他产品混合。每种涂料都要一种漆品，且不能溶于同种介质，以防互溶或者彼此渗透。

10.根据你想要的效果进行涂装。

抽屉须知

除非你涂装自己的家具是为了仿照其他家具，否则我提倡不要对抽屉内部进行染色。法式家具绝不会把家具内外同等处理这样做法也是更切合实际的。如果你想要内部也有装饰效果，试试漂亮的纸制抽屉垫。

请转到以下页码查看染色的实例：

乌木化的桌子，见第162页：最具戏剧性的改变，使用乙醇基的染料让一个淡胡桃木桌子看起来像乌木。

轻乌木化的化妆台，见第168页：这是一个重染色的例子，但是这是为了遮挡台子的损坏和瑕疵痕迹。

铅粉叠式台桌，见第146页：使用漂白剂、化学染色。

你怎么知道你的颜色是正确的？

在染料刚刚涂装还未干的时候，观察一下染色的效果；估计这是这件作品涂装完成后的效果的最佳方式。当染料干了之后，颜色就会变得朦胧、黯淡。不要担心，开始进行调整。

调整是为了色调一致；不要通过其他方式（日光曝晒、使用透明剂和保护膜）达到的效果来评判你的染色。

变体

染料作为一种涂装方式：

你也可以以适当的方式使用染料作为一种涂装方式，只有一个步骤。一种传统的技法是把染料添加到纯正、高质量的桐油上（每升

添加28~56克），这样创造出的涂层非常精美。这种产品和油基染料是不同的：从技术上来讲，这是一种涂装染色。这种方法仅仅在你想要一种标准的油作为涂装方式的时候使用。

染色顺序

尽管染色有某些规则，但是对于每件家具而言规则是不同的。所以在开始的时候就要制定你的计划。先从大的、平整的、重要的平面开始，这些平面决定这件家具的外观，然后再处理其他不重要的区域。放上少量的染料，然后用刷子从一端慢慢地刷到另一端，一定要刷得平整，覆盖表面，让木材边缘保持湿润的状态。为了保持色调一致性，当板子干的时候，重新弄湿。对于每块小板子，首先给所有的雕刻、凹凸的地方和边边角角染色，然后是板子内侧平整的部分，接着是给框架染色。首先是平行的那一部分，然后再转到垂直的那一部分。不要忘了抽屉表面框架的内侧部分，以免当你操作的时候未染色的木材得到曝光。当你染色的时候，重复移动家具，来修正色调，使其颜色均衡，并且根据需要淡化或加深颜色。在这一阶段一切都是可能的，所以要把握住机会。

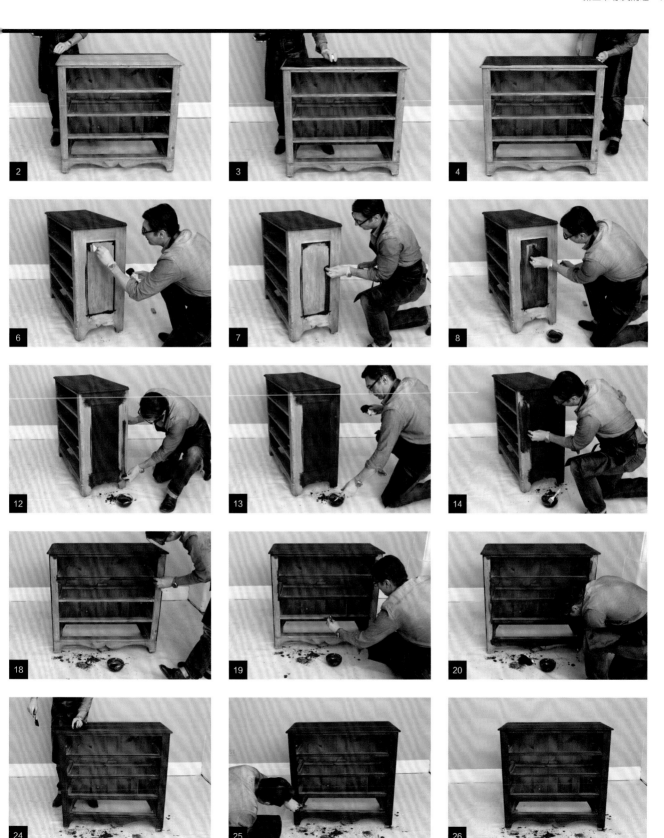

使用什么染料？

想要的效果	使用这种染料
深一点的颜色	重复性的乙醇基（或者水基）染料涂层；深色的水基染料
浅一点的颜色	稀释的多层水基或乙醇基染料
隐藏木材纹理	油基染料

染色问题修正

问题	原因	修正方法
白罩，泛红	浓缩或者湿度：水基染料并不够干，库存的木材不够干燥	选择在一个更加干燥的环境工作，并且顾及产品自身干燥时间。不幸的是，没有方案能够解决干燥不合适的木材。这是工匠考虑的最多的和最担心的问题之处
色调不均衡	使用同一木材的不同切面来搭建家具	在较亮部位使用更多层的相同染料
	同一件家具使用不同的木材类型	使用油基染料，遮瑕效果更为显著
染色不一致	老旧染料，溶质蒸发，色料凝结	定期检查染料，若染料过期，就得扔掉。染料储存注重避光防热，每次用前记得搅匀
应用问题	不均应用，不可擦除，干燥时间，或者还有染料渗透	预先频繁练习你的应用技术。使用抹布类的自然纤维，避湿防冻，或者在温度过高的环境储存

封层

　　与其说密封剂是一个产品，不如说是一个过程——你所做的储存行为和隔绝工序是为了让产品维持现状。密封剂就像一个盖子，这也就意味着它是不可渗透的、使用与你之前做的涂层不相融的一个产品。乙醇和水基染料的染制方法十分灵活、脆弱，并且更容易移除，所以封层一定要基于其他介质。油基染料是个例外，因为这种溶剂十分稳定，且干燥过后更不易渗透；油基密封剂挺符合条件。但针对它的多元和便利，我完全赞同使用虫漆密封。唯有一种情况不大适合，就是用在乙醇染料之后，这种情况下应该用桐油简单涂刷，涂层深深渗入木材，固定并且加深家具的颜色。

有益贴士

　　你能在美国家得宝公司的储物柜架上找到磨砂密封剂。但应清干净柜台上的物件，以便精工木匠能够进行。我唯一会用到它们的地方就是封住一个不大稳定或者复杂的染料工序。一个喷雾瓶和一个淡喷在这种情境下都很适用，尤其是当你不想用刷子影响工作。一个更好的选择就是为水彩或者粉笔而设计的哑光喷雾，这种喷雾在精美工艺用品分销点均有销售，比起别的更像固定剂。

你需要的材料

- 木材填充黏结剂
- 粗麻布或帆布
- 100%棉布
- 220或320粒度的砂纸

填平纹理

填平纹理这项技术对于橡木和桃红心木一类的开孔木材十分有益。这个过程抚平、闭合小孔，将小孔填补得当来防尘御湿。这一步对实现正规上漆和增光提亮而言必不可少。为此，你应当在打磨过的表面上进行一次测试。

你能从五金商铺购入纤维填料或者自助完成专属水基或油基版的填料（见第247和249页方法）。浆体粘胶在激烈涂擦过程中被挤入纹理内部，有助于平整表面。有些人在着色以前进行填料，其他人则倾向于在看色后填料。我个人推荐在用油基填料前进行着色，油基填料像是密封剂，并且可能使得后续染色技术更复杂化。若用水基填料，染色可后续进行。对我个人而言，我喜欢两者中的精华：通过染色以便得到我想要的颜色，再进行灌浆，随后适度调整染色。

填料是这一系列技术中的一种，正如用蜡光丝和法式打磨，这就要求把浮尘、木粒和油脂混合到一起。（详见第142~145页的实例与自学教程及第157页此项技法的变体——自我填料。）

1.应用粘胶。使用大量粘胶，把它涂抹至物件内部的小孔上，徒手或者用漆工抹刀向各个方向进行。

2.静静等待。让填料静置一小会，它会变得透明。

3.刮去余胶。逆着木材纹理用一把可弯折的塑料刮片将余胶刮掉（不要用金属刮片）。等待15分钟。

4.抹去余胶。使用粗糙纤维，比如帆布及黄麻布，有力地逆着纤维进行摩擦以便填料能够留在坑内。

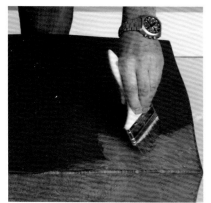

5.让表面干得更快。一般等待一整晚，胶就会干了。油基填料干燥起来花费更长时间，因此我总是等好些天以确保填料干燥，但我会在它变硬前进行磨砂（见下一步）。

6.认真磨砂，精细磨砂。使用400粒度的砂纸轻轻打磨，用柔软的抹布保证表面的光洁和均匀。若是有些填料已经干在表面或者需要移除，用一把尖刀刮掉即可，要注意不要染到或者切到木材。

7.按需重复。为了实现完全灌浆，再灌一次是可以的，尤其是当你对这个过程并不熟悉的时候。

8.按需调整色调。保证恰当地使用染料。

9.你已准备好进行涂装了。

上釉

釉是刷在顶部或涂层之间的、透明的、显色的外壳，用来创造出一种装饰效果，让物料表面有一种深度和层次感。当釉用到已经密封或涂装完的木材上时，它会待在先前涂层上部而不是与它混合或者深入木材。上釉对于轻微染色的橡树来说效果特别好，一小块深色釉就能点亮纹理，制造出一种铅白的效果（事实上，铅白从技术上讲是一种十分极端的釉）。上釉也是给予木材年代感和色彩度的好方法，从日积月累的灰尘或污迹中重现模具、大门本来的面目。

上釉的目的如下：给木材背景加上一抹暗色、迷幻的气质；给暗色漆料一抹白色高光；抬高纹理图案；通过上釉实现一种历时已久的光泽。

染料通常是通过媒介携带的，媒介通常是油或水。我强烈推荐油基光釉，它们通常有着更为持久的露天时间——长达六个小时。你能够很好地控制它，且能让你的作品保留其自有属性。在方便的时候操作，你甚至可以用溶液浸湿的抹布将釉擦除，如果结果不能令你满意，露天时间的缺点是尘埃会污染釉，除非你将家具置于一个可控的环境之下。

釉可以在艺术品商店和精工木匠手册里找到。油釉是一种通透的媒介，你能按照需求向其中加入油溶性色料（通常指国际通用染料或者日本染料）。若你更倾向细致地定制颜色或露天时间的长短，你大可制作自己的釉（详见第255页）。

1.佩戴手套与护目镜，用一块油布保护地板，否则上釉会很杂乱。

2.上釉。用一把脆毛刷把釉刷在染色的、密封的木材表面。四处抹开，使之渗入各个角落坑洞、侧面及细节之处，若你希望釉能够深入渗入木材小孔，那就刷逆纹理。在这个阶段保持平整没有必要，因为你的艺术手法和精细程度可以在后面的阶段施展。

3.上釉后处理。当你完成对整个表层的上釉后，产品应该很潮湿。用一块抹布操作，使得颜色或者结构如你所愿：涂抹一丁点藏在角落里来突出年代感，或者在纹理间坑洼上创造出一种对比和深度。

4.你也可以选择在釉上面用一个平刷，创造出一种统一的模糊感，艺术地模仿出陈旧的漆光感。你拖得越多，涉及的区域就会越小，使得刷子不可得见并且造出一种云雾缭绕质感。

5.按需调整。若上的釉并不一致，这太多，那不够，你可以重新上釉修正。如果不能让你满意，用块净布把它洗掉，别忘记要沾上丙酮。（这就是为什么你需要较长的露天时间。）

6.静等过夜。大量溶剂溶液会延长干燥时间。你必须确保釉已经干透，尤其是你正在使用油釉且另外那层将会使用相同介质。

7.按需重复。你可以加入几层釉，封住你先前刷过的釉，再考虑新加一层，这一切都得在刷新漆层以前完成。

变体

有色蜡

　　作为油基釉的替代产品，在每次涂装即将结束时，使用有色蜡做顶封层。这是人造仿古的不二法门，这种方法能够呈现污迹和破旧的效果。晾一夜使其干燥，并将其擦亮，或者留下哑光质感。缺点就是你仅能够使用蜡料作为顶层，且不可用于染料涂层之间。

凝胶染料

　　另外一种选择就是使用凝胶染料作为一种釉。凝胶染料之所以能够成为一种合格染剂，是因为它们不会沉入木材之中，比其他染料能更好地包裹木材，使其成为上釉的绝佳材质。质地均匀的媒介扩散性好，允许你实现想要的效果与通透程度。等到彻底干燥后进行密封。

第四章
家具修补和修复技法

　　这是你期待已久的部分：我最爱家具重新涂装和修复技法的展示。你会发现，涂装实际上是一个累层的过程。但你若想让东西变得漂亮，就不能让它看起来是有很多层的。关键就是使用可兼容的（不能互溶但能混合在一起）产品，以便它们能够无缝接合。就如同生活中所有精美的东西那样，你制作的最终作品必须得看起来没有任何人工操作痕迹、整齐划一。

　　因为这些教学展示都是针对我工作室的某些家具。它们各有其独特的技艺与别致的特征，你在自己的家具上实践的时候，也许不能够得其要领。

允许——不对，应是鼓励你——你自由发挥。若是问我从与古董打交道的这几十年中学到了什么，那就是：没有两件家具是相同的，每一件家具都有它自己独特的挑战。相应地，重新涂装的关键在于随机应变。没有什么严格的规定，只有一些指导建议和你自己的逻辑与直觉。绝大多数技法在第二章有更详尽的解释，所以我提倡开工以前先去阅读相关导读。事实上，第一章到第三章的主要目标就是给大家提供背景知识，帮你在关键时刻做到决策。这就是手工艺的真谛所在。

蜡光丝

梳妆台

通常来说，你都是单独使用蜡或者把它涂在其他涂层的上面，并且将其擦得锃亮。对比来看，蜡光丝将蜡作为一种媒介去创造一种染料和一种顺滑的、具有年代感的质感。这种技法用浮石粉末去灌浆，使表面光滑，比你单单用蜡达到的光泽要更深、更耀眼。

家具

美丽、古朴的梳妆台线条干净、细节精美。但它有着一种古怪的不讨喜的涂装，有点半涂装的味道在。松木不是最高贵的木材。同样，我认为木把看起来也有点傻。相应来看，这是进行升级改造的最佳物件，进行全套变装，更有价值。

外观

我想要捕捉17世纪家具的丰富与深邃。我的目标是深红色的牛血色。这种朴实无华却可爱的漆料对于生锈物件特别好使，因为你既填补了纹理，也保留了质感。

过程

在家具染色以后，上一层蜡，接着用一层浮石粉末，这样产出的泥浆被深深抹进木材孔里，随后生出光亮色彩。

种类

蜡。

难易程度

简单到中等。

准备工作

我移除了抽屉，重置并整修了卡住的滑轮（见"抽屉滑轮重修"，第266页），修复划痕，稍微给家具剥皮。随后使用砂纸打磨它，直到粒度达到220。

牛血色历史

在现代驱虫器出现前，人们一直使用在乡村随处可见的动物血来处理木材。（对于牛血是否真的用于涂装家具，人们存在不同的观点。）丰富的、深色的牛血色同样也激发起了北美流行的用深红色染谷仓的趋势（通过红色赭石和亚麻籽油实现），这种尝试起源于19世纪的宾夕法尼亚州。

你需要的材料

- 乙醇基或水基染料
- 100%棉布100
- 有色蜡（由于对其深沉的马革般柔顺色调的喜爱，我习惯使用深红色的红木；有色蜡通常是液体状，但是成功的关键在于你是否能将其调制成浓厚的糊状物。）
- 粗制天然毛刷

- 4F浮石
- 粉状染料（可选）
- 亚麻包裹的法式抛光垫（详情请参阅"制作和使用法式抛光垫"，第250页）
- 变性的木质适用酒精
- 羊毛布或毡布

1

用乙醇基染料将松木染成黑色。请注意，如果你使用的是胡桃木或类似的深色木材，可以跳过此步骤。（在这种情况下，砂纸打磨要比平常更多一些，用约320粒度的砂纸，因此非常接近木材本身的纹理，几近抛光。）由于松木颜色相对较亮，且会吸收大量染料，因而为实现这种马革般的柔顺色调需要漆上两层涂料。而后静置数小时，再进行下一步操作。

2

涂上一层厚厚的有色蜡。而后静置整夜。

3

涂上第二层有色蜡。静置一个小时以充分干燥。如果你想要成品变得更加光亮，就用粗制天然毛刷（擦鞋刷就可以）进行表面处理。

6

向木纹灌浆。以画圈手法使用充斥着酒精抛光垫，将蜡或浮石混合物填入木纹之中；当你开始感觉需要用力摩擦时，每间隔十分钟左右，向抛光垫中加入适量酒精。这一步可以将木纹"填满"并呈现犹如抛光过的效果。很快你就可以看到整体的光泽，更加饱满、真实的光泽，从木纹中呈现出来。

7

最后用软皮擦拭。为使涂蜡充分干燥，我常将涂过蜡的家具静置整夜。特别是在进行表面处理后，用软皮或毡布轻拭。瞧，多么华丽的光泽，仿佛已使用百年一般。

4

使用浮石。当木材已呈现出微妙的光泽时，如果你想要加强着色，那么在材料表面喷上一片粉状浮石，并加上一些粉状染料（用于染色，用油稀释）。用手轻轻地按摩，但不要使劲，以防止将表层的蜡擦掉。

5

打磨抛光垫。将少量木质适用酒精倒在含亚麻的法式抛光垫的外侧。轻点手背，使酒精均匀分布。此时你的抛光垫应该是潮湿的，但不能滴水。

8

更换木质旋钮。由于这里有两个孔，且其中一个打了补丁，因而这件家具原本可能含有手柄。在其粗糙表面添加少许黄铜可使其变得更为精致，加入适量金属来丰富其整体外观。（参见第279页"五金改造"，更多关于五金更换的相关内容。）

故障排除

如果您遇到因乙醇过多光泽不理想的问题，或者因抛光垫干燥或蜡不够已经擦破蜡涂层，也没什么大不了的。只需在特定故障点或整个部分重新涂蜡即可。等待1小时，刷一下，再从第4步开始。

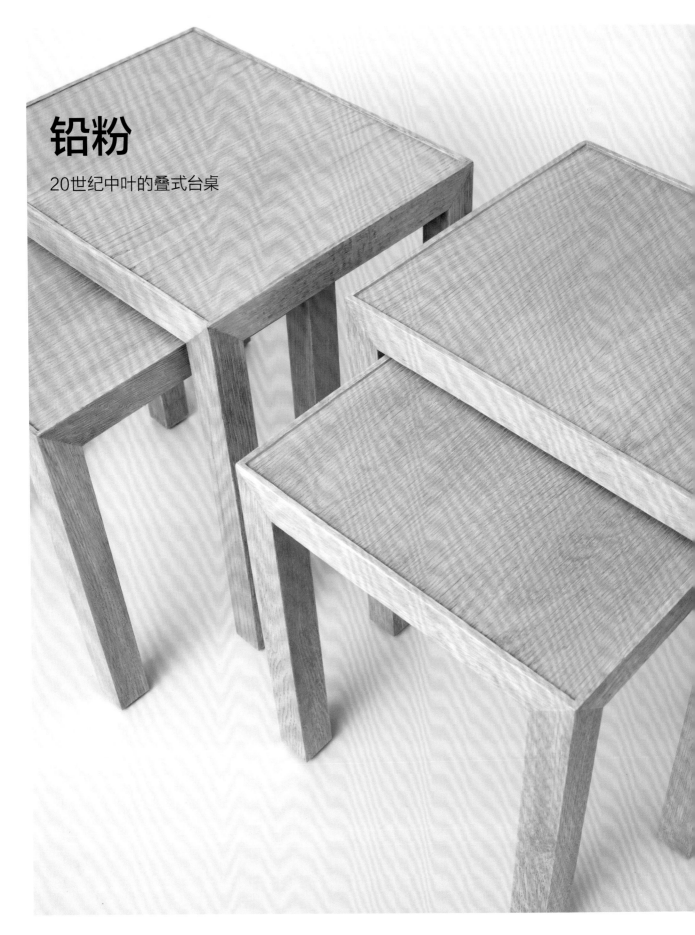

铅粉

20世纪中叶的叠式台桌

铅粉能用来实现装饰性非常强、高度对比的效果。但这个项目使用了更为经典的铅粉，浅色橡树包裹其中，提供温和的背景，这对于纹理内部的灰白染料很适用，从而创造出一种吸引人注意的、柔和的、迷宫式的图案。

家具

这些经典帕森斯风格的叠式台桌由高品质的白橡树制成，工艺精美，令人难以置信，它们匹配得如此完美，就像一副手套。我特别喜欢桌子顶部侧沿，它设计得如此精美。完成这样一套家具耗时耗力，但我从附近的二手商铺购得这些物件，每件家具仅仅花费了我50美元。原本的漆料好像是油或者蜡；被废弃的灰色涂料看着很像是近期的。这种遮住精美橡树图案的行为在我看来是不容宽恕的，尤其是涂装如此低劣。我想要拯救这些美丽的小桌子，让它们免受错误"妆容"的毒害。

外观

粗糙涂装的涂料已经渗透进木材边缘，制造出一种铅粉效果。出现这种效果唯一合理的原因就是使用了同色涂料。铅粉和这种类型也很搭调，让人联想到20世纪30年代让·米歇尔·弗兰克的设计。我遵从这种铅粉风格是为实现一种残败的浮木感。

过程

铅粉是种典型的应用，通过这个过程你能够在纹理间增添一些染料，特别是在已经密封的木材表面。但在这里我想先使用砂纸移除覆盖在表面的涂料，并将其留在纹理内。随后漂白橡树，强调新暴露出的木头表面和灰色染过的折痕间的对比，我已经和蜡料做过比对。（橡树和灰木是铅白时候最为常见的木材，它们姣好的形态和鲜明的纹理，漂白时非常美丽。）

种类

蜡。

难易程度

容易。

准备工作

轻轻剥掉涂料，随后清洁，然后对家具进行磨砂。

让·米歇尔·弗兰克

让·米歇尔·弗兰克是法国艺术装潢设计师（安妮·弗兰克的表兄弟），他因设计的典雅装饰风格闻名于世，他的涂装结合了线条的纯粹与奢华材料。他几乎独自复原了稻草镶嵌细工、铅白、鲨革和羊皮纸等的技术应用与处理方式。他留下的财富，包括帕森斯桌子，多归功于古典主义和他的高品位。

你需要的材料

- 抗化学试剂的手套
- 玻璃器皿
- 氢的过氧化物：一套两溶设备（五金商铺内有售）
- 合成鬃毛刷
- 钢丝刷
- 防尘口罩
- 等级从精细（0000）到粗糙（4）的钢丝绒
- 塑料刷子
- 变性木材乙醇
- 100%棉布
- 黏性擦布（可选择的）
- 气焊枪（可选择的）
- 金色虫漆
- 染色蜡料：商铺买的或者自家产的（见第240页）
- 涂料稀释剂（可选择的）

2

"打开"纹理。用钢丝刷用力地搓揉木材，甚至搓揉纹理，这样使木材会松动甚至移除柔软的纤维，加宽这个过程中的裂痕。（请佩戴防尘面罩：漂白过的干燥粒子会刺激呼吸道。）不要忽略角落及边缘；一把小的钢丝刷或者一小块粗糙（型号为4或3）的钢丝绒能够打开这些区域的纹理。

4

移除额外的纤维（可选择的）：如果你的技术水平允许或者家具由颜色更深（而不是灰白色）的木材构成，你能够把整块木材上残余的木屑用一把气焊枪轻轻移除掉。这能助你实现深色木材和浅色蜡之间的对比。利用粗糙（型号为4）的钢丝绒清理干净燃烧的纤维，接着用一块用乙醇浸湿的布条擦除。安全贴士：不要烧焦你的木材或者使木材燃烧。永远不要在距离乙醇很近的位置使用气焊枪。

5

不要触碰。无论你使用了气焊枪与否，木材应当保持干净且没有油渍，因此，避免用手直接接触家具。

1

漂白木材。戴上防化学制剂的手套，并且按照两部分溶液上的指示，在玻璃器皿中准备氢的过氧化物。将过氧化氢（过氧化氢）与一把合成的鬃毛刷子混合（漂白剂会腐蚀自然的鬃毛）。根据需要不断重复，保持木材湿润15分钟，然后将其晒干。静置一晚看看木材的漂白程度如何；根据你想要的光泽程度，你决定是否需要再次重复这个步骤。

我可以就停在这一步，将家具封存，让家具拥有一个古旧的、漂白的别致外形。

3

检查过程。当钢丝刷揉搓木材不再产生大量灰尘的时候，你就算完工了。纤维去除得越多，结果就越会变得越戏剧化。木材表面应该很有质感，纹理顶部和沟槽应该有鲜明的对比；你用指甲触碰甚至能够感受到木材表层的凹陷。用塑料刷擦净表层，并且擦除残余的灰尘。再用一块干净的布片擦拭表面，接着用一块酒精浸湿的布条或者黏性擦布擦除。

我恰巧喜欢这一步家具铮亮的外观。你也可以决定停在这一步。

6

使用虫漆。你会需要两层较好的涂层封住木材表层，这样确保你接下来要用到的显色蜡料——铅白仅仅会停留在凹槽中间。在这里我会使用金色的虫漆，它有着中性色彩，但你对密封剂的选择取决于木材是否已经染色及你所用到的染料；关键就在于使用不同溶解度的产品，这使得它们彼此并无接触而且不会影响对方（虫漆的媒介就是乙醇，蜡使用油或者涂料稀释剂作为媒介）。将棉质T恤碎片折叠起来涂抹虫漆。这样能确保虫漆仅仅接触木材表面而不触及纹理缺口。

7

应用蜡料。虫漆干燥非常迅速，所以能够紧接着就应用蜡料。我选择了一种灰色调去配合现存的涂料残余（参见第243页彩色蜡）。用一块布条或者用你的指尖，用强有力的方式在蜡料上打圈，比在脸上擦保湿霜更有力道。不用担心应用力不均；关键就是把整件家具都涂上蜡，浸透纹理。把蜡涂满各个角落与各个凹槽。一直进行下去，直到你已经完全抹平那个坑孔，不会再看到任何明显的纹理显现出来。

8

等几个小时。让蜡变干，在木槽里至少静置8个小时，最好静置整夜。

10

备选项：应用涂料稀释剂。如果铅白特别持久，试试用涂料稀释剂浸湿的布块；然而，这个方式效力太强，因此你必须注意不要移除太多铅白。

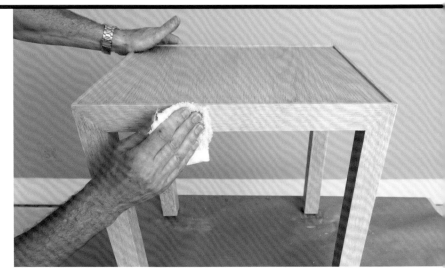

11

当你实现了想达到的效果时，就该停下来。用一层轻淡的金色虫漆涂层来添加额外的保护，这就能够密封你的作品，并且提升光泽。

9

把蜡擦掉。用细小的钢丝绒（型号为0）以圆环状小幅度轻拭木材纹理，在不磨损木材纤维的前提下，为表面除蜡。（如果不慎造成了磨损，只要再涂一点蜡，晾置一会儿即可。）而后对钢丝绒施力，使其发挥效用。注意，不要一次性去除小块区域内的所有涂蜡，而是通过多次打磨，每次只去除木材表面的一小层，以确保除蜡效果更加均匀。这一步需要绝对耐心且手法要轻柔。随着脱色后的木材本色从铅白的蜡色中缓缓显现出来，你需要去除的蜡变得越来越少，也就需要更换型号更为细密的钢丝绒，型号从00至0000不等，具体取决于最终所需的效果。

变体

在浅色背景下应使用颜色较暗的铅白，或将木材染成深色，使用明亮的铅白。此外，还有许多颜色的组合可以考虑：如金色对黑色背景，绿色对白色背景等。你可以通过这些不同的颜色组合创作出新颖的作品，这完全取决于铅白本身和木材色调，当然，你也可以选择染色。

如果你选择乙醇基染料，10分钟后用丙烯酸封层。而后用抹布轻拭封层两端，就像使用虫漆那样；其间不需要使用砂纸打磨抛光。

如果你选择使用水基染料，请用金色虫漆、油制或醇酸涂料封层。再次强调，此举的关键是使用不同种类的溶剂产品。

在油性染料后使用水基密封剂或金色虫漆。

乌木色对金色背景

铅白对深色背景

桐油涂刷法

中式置物架

我用这一技法修复细木护壁板、旧式餐桌、橡木镶板、地板等任何需要翻新但又不想刨皮的家具。一定要确保木质表面没有阻碍桐油吸收的清漆（尽管任何老旧涂层都会有些清漆）。桐油不仅能保护木板，还能清理表层。木板越是破旧，翻新后就越好看！

家具

这个中式置物架就是中国出口家具的典型例子，由紫檀或者类似硬木制作而成。你看到的这些木制品通常是这样的：非常干燥，呈深灰色，上面还有非常复杂的、污迹遍布的雕刻。你会想，我该如何翻新？我保证，翻新起来一点也不难。这件木制品有轻微损伤，但它的结构是完好的。

外观

我并不想将这个置物架彻底改造，只想清洁，并滋养陈旧的木材，赋予它新的生命。我的目的就是让它涂刷后看起来像重生一般，不会变脆，如新的一般；包浆和小污垢使最终成果真实可信。

过程

此技法完全依赖桐油。桐油是专门为这种类型的家具而准备的(如果你喜欢为之上色，请选择丹麦桐油)。硬木吸油能力极强：只要一刷，木制品几乎立即就有了植物固有的颜色，其深度和丰富性恰到好处。

类别

桐油。

难易程度

低。

准备工作

无。

中国出口家具

"中国制造"的产品在今天非常普遍，但在20世纪以前欧美的东方家具很珍贵。从17世纪开始，中国向外出口家具、餐具、漆具及其他专门为西方市场定制的产品。到了19世纪，美国的旧金山成为美国进口中国家具的集散中心。

你需要的材料

- 玻璃碗
- 桐油
- 纯松节油
- 1.1L水
- 超细钢丝绒(0000)、旧牙刷
- 100%纯棉布

1

准备桐油溶液。在玻璃碗中将2份额桐油与1份额松节油混合。松节油可以清洁污垢，而桐油作为润滑剂，滋养保全木材。

2

向1.1L的容器中倒入热水。

4

彻底擦洗木制品。用钢丝绒或旧牙刷蘸溶液开始擦洗，不要留任何死角。如果需要，请使用牙刷。在清洁、桐油处理及保全木材之后，它是否比之前好看多了？

5

一步步推进。用干净的布擦拭木制品。

7

上桐油。用刷子涂抹一层，而后让它沉淀五分钟，再将过量的桐油擦去。(这里我使用自制的补充药剂。)如果你想增强光泽度，就将其晾干后再重复之前的动作。任务完成!

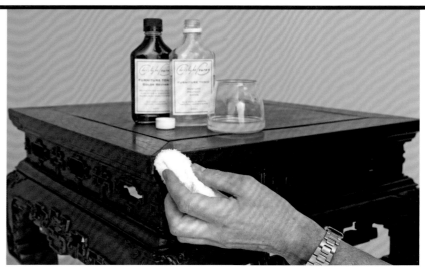

3

加入桐油和松节油溶液。把溶液倒入容器。由于油和水不能混合，桐油和松节油溶液将浮于表面。其下的热水为溶液加热，使其更有效。（当然，记住一点，千万别直接加热油和油溶液。）

6

重复整个过程，直到你的布清洁完毕。根据家具状况，你可能需要重复一次或两次。（别担心，这一过程很快，像这样的一件大型木制品从开始到结束也只需要1个小时左右）。用一晚上的时间将其晾干。

8

可选：为你的作品挑选一款胡桃木色的蜡，以加深家具颜色，加厚保护层，提升亮度。对于颜色较轻的木制品，请使用琥珀色蜡代替。

维护

一年一次（或根据需要确定次数）用酒精仔细清洁表面，涂刷新油。

涂刷桐油

20世纪中叶的现代餐桌

给这个光滑木制品刷的是纯天然聚氨酯或海生清漆。正像清漆与亮漆，桐油渗入并根植于木制品中，而并在其上形成一层保护层，而层间的湿砂纸填充了纹理，积累新的保护层。正是这完美的媒介将已完成的20世纪中叶现代木制品升级，甚者可以说重新完成一件新木制品。

家具

我的一个好朋友在易贝网上买了这件欧洲胡桃色餐桌。这个餐桌具有20世纪50年代丹麦古典的（节省空间的）设计风格:三条腿的人造革软垫椅子隐藏在桌面下。木头看上去有点干巴巴的，这是20世纪中叶现代家具常见的问题。它需要翻新和保护，尤其是饭桌表面。尽管桌面有一些磨损，但它并没有实质性的损坏；现有的桐油可以将其保护得很好。

外观

刷桐油是20世纪中叶丹麦设计运动的流行做法，表现木材的自然之美，也反映了复杂的装饰艺术时期的结束。我觉得这项使木材呈现如缎面般光泽的技法，是突出温暖的欧洲胡桃色家具、强调清洁内衬设计作品的理想方式。

过程

全面整修表面，还包括填补纹理和木材防水处理。另外，还有一个给椅子涂刷桐油的简单方法：这都是可以接受的，因为椅子面积小，磨损少。磨损少也是使用桐油完成维护和升级的原因。

类别

桐油。

难易程度

椅子：容易。

桌子：中等容易程度

准备工作

椅子：如果这些座位可移动（事实上它们不能），将它们拿走以达到最易程度。你也可以用塑料布小心地保护好椅子。这里没有必要：给木头涂桐油并不混乱；因为家具是人造革的，所以我可以去除任何误滴的溶液。

桌子：我从头开始全面整修表面，抛光打磨木材，确保底座平整、完好。

你需要的材料

- 100%纯棉布
- 变性木醇
- 喷砂块或海绵
- 180粒度到320粒度的砂纸
- 黏布
- 丹麦油或桐油,无色或有色
- 天然鬃毛刷

- 钢丝绒(000或0000)
- 塑料刮刀、刮刀、旧信用卡
- 干态和湿态砂纸,320或400粒度的碳化硅
- 粗麻布或黄麻纤维抹布
- 蜡
- 羊毛或毡布

桌子

1

清洁所有表面。使用浸入酒精的抹布清除家具表面的所有浮土。

3

清洁。使用浸泡过酒精的抹布或黏布擦去所有灰尘。

4

刷桐油。用碎布或天然鬃毛刷,采用白由桐油层,适用于所有表面。等待15分钟。若桐油被快速吸收,则启用另外一层。重新涂刷大约30分钟来保湿。使潮湿表面上的桐油保持湿润,用干净的、不起毛的布擦去多余的桐油,建立一个平滑底座。夜晚将其晾干。

7

确保表面平滑。去除木材保护层之间的所有碰撞和任何隆起的挥之不去的黏性物质和凝固的污垢。使用剃须刀片或刮刀刮掉污点(砂纸更佳,因为砂纸可辅助你在保全木制品表面的前提下将泥状物刮下)。之后,用干净的布擦拭。

8

如果需要,请涂刷另一层保护。完成后,请继续下一步。若木材表面仍有些不平整,应使用抹布再涂抹一层,等待15分钟后,再擦干净多余的桐油。

2

连续使用粗磨粉磨。将一张180粒度的粗砂纸缠绕在一块扁平海绵上，砂纸上的砂彻底、均匀。（避免打磨直接用手找平，因为手的力度及其所致的结果是不均匀的，成品将有不同的色调。）连续用更细粒度的砂纸继续:180粒度，220粒度，240粒度，280粒度，然后是320粒度；因为直到没有给桌子染色，所以你可用一个超光滑的砂纸打磨木材。木材光滑、平坦时停止。

5

再涂刷一层保护层。用干净的棉布再涂刷一层油。等15到30分钟，而后擦干净。用一个晚上的时间晾干桌子。

6

打磨表面。在保护层之间，你可以用0000型号的钢丝绒或极细砂纸摩擦表面，促进其多吸收桐油，使保护层更厚。

9

用湿沙制备悬浮液。刷上一层新的桐油保护层，待其黏度增加后打磨其表面。沿着纹理的方向打磨，使用极细粒度的干态和湿态砂纸(理想情况下采用320粒度或400粒度碳化硅)缠绕在柔性海绵或砂磨块上。我建议用桐油浸透砂纸的表面。这样做目的在于使湿润的桐油与先前的保护层及打磨形成的细木颗粒融合，形成膏状物，便于你均匀涂刷。不要过度用力。动作要轻，在15分钟内完成整个表面的涂刷。若表面太干燥，请再涂一些桐油。

10

刮掉膏状物。若你已将浆体去除，且膏状物变得黏腻，请拿来信用卡(或塑料刮板)，沿着纹路刮掉膏状物，只留下颗粒间填充的膏状物。

11

用粗麻袋去除多余膏体。当你用刮刀去除了足够多的膏体，改用粗麻布或黄麻布，沿着纹路继续去除膏体。我们的目标是让桐油膏填充空隙且不残留在表面。充分晾干，至少一到两天。

14

重复。由于积累层变得不稳定且很难处理，工匠通常要做两层或三层的膏状物以形成桐油保护层。重复这个过程（步骤8~12），一次或两次，每次重复之间间隔一天。你填补的空隙越多，完成的作品越亮，保护作用也更显著。有些木匠会告诉你，要完成一件好的磨砂桐油作品至少需要八层保护层。其实刷三层或四层的桐油就已经足够保护木材了。

15

注意干燥时间：桐油保护层越厚，在涂刷下一层之前你就必须等待越长时间。

2

涂刷桐油。使用棉布给所有部分涂刷桐油，同涂刷桌子的第一层保护层一样。夜晚将其晾干。

3

打磨与清洁。用细钢丝绒轻轻打磨，然后用黏布清洁。

4

新上一层桐油保护层。涂刷后再擦去。

12

刮磨木制品。通过打磨，去除所有剩余的干膏，只采用320粒度砂纸，沿着纹路打磨。在这个过程中要小心仔细。不要毁了刚做好的作品，表面干燥不代表很耐磨。均匀磨平即可。

13

清洁。每次打磨后，都要在涂刷下一层保护层前用蘸过酒精的黏布或棉布将表面清理干净。

16

完成家具。完成理想的外观和保护层后，你就可以等待作品完成了，大约需要5天时间。你可以将其如图放置或用干净的亚麻布(或超细0000钢丝绒用蜡完全浸泡，所以不会擦伤木材)涂刷上膏体蜡。沿木材纹路、沿直线、用极轻的力量打磨。等待几个小时，用羊毛毡或苫布擦亮。

椅子

1

清洁。用干燥的黏布去除表面灰尘、污垢和碎屑。之后用酒精清洗。

5

钢丝绒与蜡。涂刷几层桐油后，用量取决于你喜欢的光泽度及涂层(我刷了三层桐油)，用超细钢丝绒轻轻摩擦，然后用蜡打磨。

6

光泽度可调：若涂层和表面完美，你有点厉害，最后一次用钢丝绒打磨后，用布沿直线均匀地抹一层桐油，然后把它晾干。光泽度会更高，涂层更清亮。

灵活变化

你可以用亚麻籽油、桐油或丹麦油来施展此项技法。涂刷亚麻籽油层间的间隔时间更长，且曝光易发黄。桐油和丹麦油更佳。

维护

一年一次(或根据需要确定次数)，用酒精仔细清洁表面，涂刷新油层，而后再擦拭。

仿乌木

皮革桌面样式，19世纪新古典风格办公桌

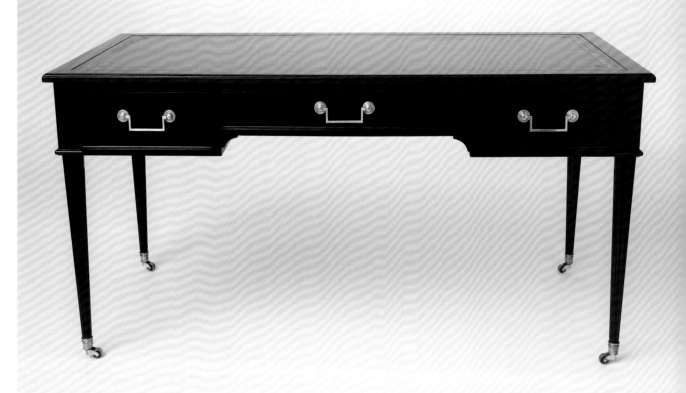

这种技法用于家具着色，丰富的色调模仿了漆黑的乌木。历史上，通常用梨木替代乌木。梨木是一种稳定且纹路致密的木材，且着色特别好(比异国情调的乌木价格低)。

家具

这皮面灰桌很便宜，才200美元，是我在纽约分支拍卖行拍到的。这种桌子是法国官员的最爱，该类型桌子通常被称为"bureau ministre"或"bureau plat"(翻译为"平桌")。它优雅、造型完美，且构造极佳。这件成品结构完好，只有表面损伤。桌子皮革表面上有白色环状伤痕，还被水泡过。材料部分的缺陷是暗褐色清漆。

外观

因为桌子具有仿乌木特色，不足以伸展延长修复整个作品。我知道，仿乌木作品可以更整洁，更正式，突出其新古典主义的外表。

过程

仿乌木制作时，最好使用含酒精成分的着色剂，穿透木材纤维，作为一种染料，深度改变木材的颜色，而非像蛋糕上的糖衣一样，只给表面着色。染料也更加透明，使成品纹路看起来像黑木，而非刷上黑漆的木头。

类别

油。

难易程度

低，该技法相当简单易学。

准备工作

从控件到脚轮，我先去除一些硬件。然后我取出了抽屉，并拆开整个桌子。

最初的装饰是什么？

要确定该作品是原版货，请查看其下方的硬件。在之前的修缮中，原版办公桌的痕迹可能没有完全去除。或者看看桌子背面，成品长期使用，取出时不仔细的话，会在背面留下痕迹。

你需要的材料

- ■ 塑料防水布
- ■ 大头针粉刷带
- ■ 乳胶或腈类手套
- ■ 含酒精的着色剂
- ■ 亚麻籽油或桐油
- ■ 虫漆

- ■ 100%纯棉布
- ■ 黏布
- ■ 容器
- ■ 毛刷
- ■ 钢丝绒(000)

1

保护皮革表面。在表面加盖一块塑料防水布，相较皮革稍小，用粉刷带和大头针固定。在一个不显眼的角落里先测试粉刷带，以确保它没有剥落或磨损皮革(在剥离之前，采用这种方式保护你的皮革，这一步请使用新塑料板材)。

2

染色。戴上防护手套，刷涂时使用护垫确保沿直线着色。不要一下子涂上太多，最好是多层淡淡涂刷，而非一次涂刷完毕。继续涂刷，直到你达到预期的颜色。因为含酒精的着色剂几乎立刻干燥，你在很短的时间内可完成大量涂刷。你想要达到一个完全平整、黑色的效果，但还是注意要形成可见的纹路。

4

晾干。把抽屉放回去，这样你可以检查所有的表面，使它们看起来一致，然后让桌子晾1小时。因为各个部分吸收能力不同，你可能需要调整，在各处再上些着色剂，这取决于各部分所取木材的位置。例如，桌子腿纹理更多，从而会吸附更多污渍。

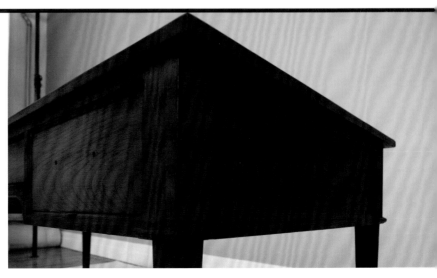

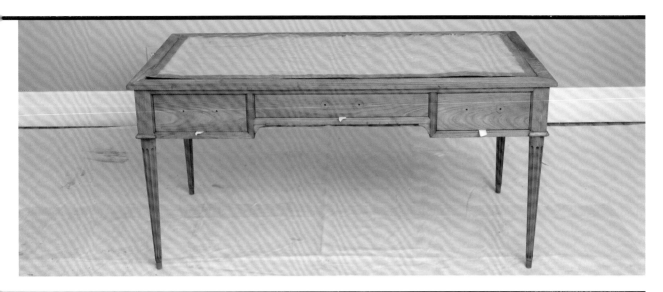

3

一定要给每个表面都着色。染色时，特别是给亮木染色时，要确保抽屉的边缘和底部都上色，以免最后存有明显未上色的部分。

5

密封着色剂。将颜色用亚麻籽油或桐油密封锁在底层。（酒精和桐油不可混合，所以之后涂抹虫漆时，不会有着色剂磨损。）首先，将护垫浸入油中，在整个表面涂刷，等待10~15分钟使其渗入木材，然后吸掉多余桐油。与大多数桐油技法一样，第一层涂刷使油几乎完全渗入木材，不需多余的擦拭。确保表面各处涂抹等量桐油，干燥均匀。你可以用细级钢丝绒(000)磨平表面；熟练、仔细地清洁后，用干净的棉布或黏布去除多余的钢丝绒纤维。

6

涂抹虫漆。是时候增加一些光泽和颜色的深度了，让家具在涂刷的时候外表看起来和原来湿漉漉的样子接近。用上虫漆酒精溶液。向液体虫漆中添加少量(10%)的黑色酒精染液；这里，我使用红宝石色石榴石虫漆。将棉布折叠、在黑虫漆中浸泡，直接将其均匀地涂抹在木材上。若护垫干了，请将其重新湿润。一旦涂抹，产品将立即干燥，你可以反复涂刷。逐渐得到想要的颜色。

7

夜晚晾干。若想提高光泽度，你可以重复涂刷虫漆几次。

8

注意细节。之后，你可以使用金箔或金霜应对开裂的桌腿，在18世纪这种方法曾风靡一时（见第196页）。

9

把硬件放回去。见第109页提示。

10

清洁皮革。我也处理了皮革表面，去除水的痕迹，使用一种新染料，提高光泽度。

乌木化小贴士

染色时，备好护垫和刷子，这样你就可以刷到角落和装饰线了。

准备好一块干净的布，浸入恰当的媒介溶液，快速清洁不可避免的误滴和失误涂刷造成的污迹。

创建超级光滑的挑染，天然鬃毛刷在边缘和线脚上，涂抹柯巴脂清漆。

你还可以用画家专用的细刷为桌子角落涂上虫漆。

清洁皮革着色剂

1. 用干净的抹布彻底清除灰尘。

2. 清洁。用浸泡过肥皂水的棉布尽可能仔细地清除污点。

3. 评估。若肥皂水无效，等到皮革干燥后，用羊毛或布将表面擦亮。（一直擦直到干净为止。）

4. 再次评估。顽固的污点可能需要一点轻度化学清洗剂。我喜欢稀释的且无油脂的外用酒精。用干净的棉布擦拭污渍。

5. 求助专业人士。如果以上都不能清除污渍，请咨询专业人士。

6. 保养。着色剂清除后，在表面上涂抹一层滋养膏或皮革保养剂。

7. 用蜡。一定要使用适当的颜色。等待几小时，让蜡浸入纹理中。

8. 打磨到家具发亮。如果表面看起来发暗，就涂抹更多的蜡，在抛光前等待1小时。

9. 可选的抛光剂：当你的摆件处于良好、清洁的条件下，在皮革是原始的，而非生了绿锈的情况下，轻轻洒上4F浮石。用羊毛或棉布摩擦，使其微微发亮。有些人喜欢用文艺复兴蜡（也称为博物馆蜡）抛光。

轻乌木化

20世纪中叶, 现代床具

尽管我们通常用仿乌木的方式使木头呈现接近黑色的乌木色，但以更灵巧的方式使用该工艺也很受欢迎，操作起来也更容易。对需要大量修饰的家具来说更是如此。经过艰辛的准备工作，你会希望完成过程相对轻松一些。

家具

这套20世纪中叶的现代床具由梳妆台和床头柜组成，损坏严重：丑陋的棕色调、众多零部件损坏、单板丢失、到处都是裂缝……其他缺陷就不一一列举了。我的客户以45美元的价格在克雷格网站（Craigslist）上购买的该组床具。直到亲眼看到产品时，她才意识到质量有多差。她对这套床具很失望，决心扔掉。但我向她保证，这套床具正适合仿乌木。运用低配版工艺似乎很适宜，用最简单的方式解决问题。

外观

这组家具缺陷颇多，因而只能选择将其漆成黑色。不想暴露缺陷就需要将缺陷隐藏起来。仿乌木让它们看起来价值不菲。我想将这组家具漆成深咖啡色。

过程

这套低调的古铜色家具比较容易修复，适合做成线条简洁的样式。

类别

油。

难易程度

简单。

准备工作

首先，刮去家具原有的颜色，并进行打磨。接着，修补破损部位，将其他部分重新粘接，并用木质填充料还原缺失零部件。这样，红木贴面得以修复，形成完全平整的平面。与修复过程不同，上色对专业水平要求稍低，不必苛求完美。填充、修饰，就这么容易。

选择染料

提示：仿乌木时通常使用黑色染料。但是如果想要稍浅的深咖啡色调，需要将等量黑色染料与范戴克染料（一种深棕色染料，因画家安东尼·范戴克得名）混合。

你需要的材料

■ 乳胶或丁腈橡胶手套

■ 乙醇基染料

■ 纯棉布

■ 普通天然纤维刷

■ 亚麻籽油或桐油

■ 黑蜡

■ 容器

■ 钢丝绒（0000）

1

从黑色染料开始。戴上防护手套、使用抛光垫或刷子给床头柜外侧上一层黑漆。充分使用黑漆，让每个平面看起来整齐、色调一致。不要让木头看起来色彩不够均匀。

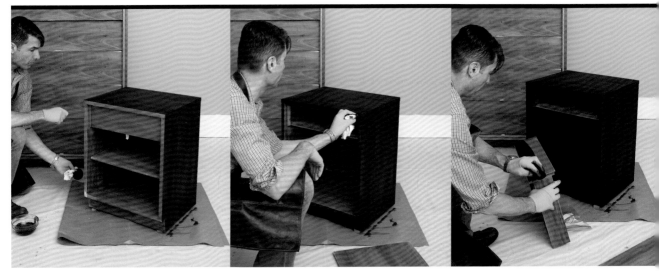

3

打磨。使用钢丝绒（0000）打磨木头，从而能够均匀抛光。

4

打蜡和抛光。涂一层薄薄的黑蜡（见第243页"给蜡上色"）进行抛光。不要涂太多，达到颜色一致、使油漆发光，同时又不会丧失表面纹理即可。我通常会过一夜再涂上薄薄的一层蜡。等1个小时，擦拭零部件，形成更加鲜亮的油漆光泽。

"灾难"家具意料之外的美

残缺程度如此之高的零部件恰好提供了提高维修、修复和填补技术的完美机会。你的手法不需要完美无缺。因为你所做的任何工作都是一种提升。此外，由于不需要遵循特定的修复方法，你可以使用任何胶水或颜色来修复缺陷。充分发挥创造力，选择完全符合你审美的抛光（这与你从零部件的骨架中寻找灵感不同）。发挥你的想象力，运用你的艺术灵感和创造力化腐朽为神奇。要知道：你正在抢救一件即将遭到丢弃的家具。所以，做什么都是合理的。

要求：避免下意识地给破旧不堪的床头柜涂色。涂色是万不得已的选择。做好涂色也需要大量准备工作，如磨砂、修补、填充等。因而，涂色并非捷径。如果没有细致的准备，涂色后的床头柜看起来也不尽如人意。相比之下，仿乌木不仅能够更突显木头的美，而且整个过程对瑕疵的容忍度更高，也更能遮盖木头的缺陷。仿乌木和打蜡的效果更好，由此抛光而成的天然木头看起来质量更高。

2

涂一层润滑油进行固色。根据想要保护的程度，可以多次重复使用润滑油（见第165页）。等一夜让涂层充分干燥。润滑油会使木头变黑，并使其呈现水性光泽。

5

重新连接不同部位零部件。可以给零部件打光或通过薄涂油漆改变其色泽。

法式抛光

镶嵌细工桌子

传统18世纪镶嵌细工桌子最能体现法式抛光工艺。这种工艺独具特色，能使家具呈现玻璃般的色泽，从而赋予华丽的镶嵌细工家具内部鲜亮、明快的特质。该工艺与汽车和珠宝的抛光相似：通过重复摩擦使木头表面变得十分平滑，不留任何凹凸不平的坑，从而使木头表面呈现出玻璃般的光泽。

家具

这张意大利新古典主义时期的桌子每个侧面都装饰了精美的贴面镶嵌细工，展示了古典主义工艺。它让我想起了纽约大都会艺术博物馆中的一个展示细木护壁板的展厅，该展厅的展示品原型来自古比奥公爵宫，但是是微型的。木头上面的法式抛光几乎全部剥落，使得木头黯然失色。

外观

一看到这件珍品，我就知道它用的是法式抛光的手法。法式抛光不需要上漆；表面光泽来源于打磨及后期加上的涂层。因此，木头的纯净、深度和质量都能得以保存和加强。经过法式抛光的木头看起来有种潮湿的感觉，掩盖了复杂的装饰。

过程

这张桌子表面和结构都欠佳，之前的抛光也几乎全部消失。因而，有必要剥掉残存的抛光，从头开始。

类别

虫漆、漆。

难易程度

上漆过程需要绝对的耐心，你需要去感受整个过程。倾听"桌子的呼声"，要能意识到抛光垫上的漆过多还是过少。尽管法式抛光单调乏味，却不费劲；它对失误的容忍度较高；如果在操作过程中不小心出现无法修复的失误，只需要再次打磨，重新开始即可。而现代商业亮漆使用不当，需要剥离整个表面才能补救。

准备工作

首先，剥离现存抛光面。经过法式抛光的家具只需要用蘸了乙醇的粗糙抹布搓揉，直到表面完全干净。打磨成光滑和平坦的平面；替换丢失的贴面；将其他部分打磨光滑；精确擦除所有油漆斑点。（注意：不要打磨复杂的镶嵌细工，因为每个贴面的纹理方向都不一致。一旦打磨，会刮伤木头。）

你需要的材料

- 几双一次性乳胶或丁腈橡胶手套
- 虫漆
- 纯棉抹布
- 4F浮石
- 数个法式抛光垫（见第250页如何制作法式抛光垫）

- 变性酒精
- 婴儿油（或其他矿物油）
- 橡皮筋
- 能盖紧盖子的小塑料容器

通过将木板与现存木板的纹理放在一起复制出镶木细工木板的纹理。为拓本上的木板编号并复印以供参考。接着，小心裁掉"拼接部件"。将它们跟残损部件放在一起，需要时裁出合适大小的木块。你可能需要重新调整模板使其满足要求。这时，模板的附件也要随其调整。

2

涂抹浮石粉。一些抛光师习惯把浮石粉抓在手里。但使用印花粉包精准度更高、更节约浮石粉（将适量浮石粉放入一块棉布中间，用橡皮筋包扎起来，制成印花粉包）。用印花粉包轻拍木头表面，形成细粉；接着用手掌把细粉均匀的推到气孔中。

4

用抛光垫摩擦木头。摩擦过程中，浮石粉和酒精开始同之前涂抹的虫漆混合，在木头孔中形成细小的浆液；同时，木头的表面得到打磨。为整块木头均匀抛光，不要忽略边角和细节（参见第11步）。待抛光垫干燥时再次蘸取酒精，但每次不要蘸太多。你可以通过抛光垫滑动时的感觉来判断是否需要再次蘸取酒精。感觉比视觉更准确。偶尔用直线移动的方式抚平出现的环状纹理。

1

用虫漆为家具固色。戴上手套，将适量虫漆倒在折叠的棉抹布上，这一步骤也叫"充胶"—挤压抹布使虫漆均匀分布在抹布上。把虫漆以连续、直线的方式轻轻涂抹在木头表面（我用的深红色虫漆。其烟熏色调很适合古董，能使木材色泽更深，颜色对比更加强烈。）重复以上动作，多次涂抹，直到木头表面全部涂上两到三层虫漆。虫漆干得很快，但是还是需要等上1个小时，让胶水充分渗透。不要需要过度关注如何使表面平整、美观，只要确保虫漆充分涂抹到每个角落即可。

3

将酒精倒入新的抛光垫。将一块粗糙的新亚麻布或帆布包裹的法式抛光垫，并用酒精浸透。拍打手中的抛光垫，让酒精均匀分布，并确保抛光垫不会过于潮湿。

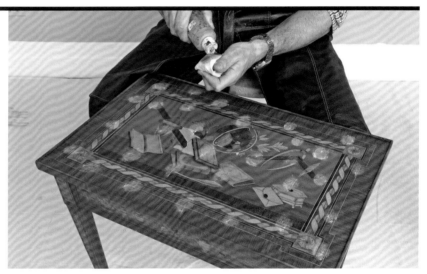

5

注意事项：持续移动抛光垫（适用于填补纹理和抛光），一旦停止移动，抛光垫停留时间变长，就会损坏木头表面。每20分钟把抛光垫拿开，休息一下。这样，你的胳膊就不会感到累。（或者，也可以学习如何用两只手同时进行法式抛光。）

6

观察色泽。一个小时左右表面就会出现玻璃般的色泽。这种色泽来源于打磨，类似珩磨。如果几个小时后还没有出现色泽，在木头表面涂抹更多浮石粉，并在抛光垫里加入一两滴酒精，重复涂抹。你可以在任何时刻停下去报税或晚上哄孩子睡觉。空闲时再接着做就行。

7

让家具的色泽稳固。当纹理被充分填充且木头表面呈现光滑和轻微的色泽时，就停下来。此时，可以等上一两天。或者去给其他木板抛光。因为这样抛光效果更好。

8

从家具表面开始抛光。用一块新的法式抛光垫蘸取虫漆溶液；用手轻拍抛光垫，使虫漆溶液均匀分布，并确保抛光垫不会过于潮湿（初学者会犯的典型错误）。用打圈的方式连续涂抹家具。使用刚刚蘸取过虫漆的抛光垫，擦拭家具的力度要小，这样可以确保家具表面的虫漆不会过多。一旦涂抹的虫漆过多，就会导致下面一层已填充过的纹理融化。随着抛光垫里面的虫漆减少，参考插图，增大移动幅度（详情参考第179页），并加大挤压力度。记住，你是在抛光而非上漆；抛光效果的好坏取决于能否通过不断移动抛光垫从而使酒精、虫漆、浮石粉与木头充分融合，而非所用材料数量的多少。以30。角倾斜抛光垫时（不要停止移动），你能看到抛光垫后面因酒精蒸发留下的痕迹。这就是"健康的魔鬼足迹"。操作过程比较缓慢，你可以同时进行多种任务：一旦你掌握了这种技艺，不需要看家具就能进行抛光。

9

不要让抛光垫变干。抛光过程中不断蘸取虫漆。什么时间蘸取？随着抛光垫变得干燥，移动起来不会像之前那么顺畅，需要用更大力气挤压；如果觉得勉强才能移动，就再次蘸取虫漆。蘸取之后一定要用手测试湿度。刚蘸取虫漆后，移动时力度一定要小；虫漆过多会导致抛光垫粘在木板上。

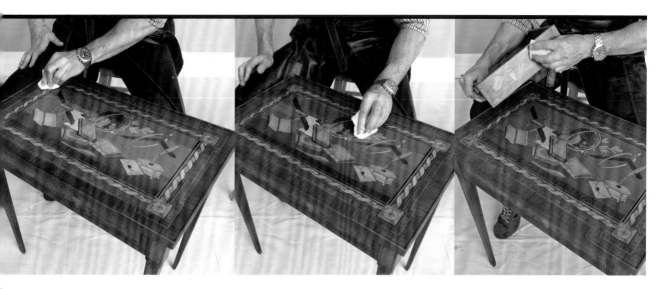

10

加入少量润滑油。如果抛光垫在蘸取虫漆后仍不方便移动，在其表面滴几小滴婴儿油。婴儿油会使木头具有光泽，但一定不要被其误导，婴儿油仅用来帮助抛光垫移动，而非专门用来给木头增加光泽。而且，抛光结束后需要把婴儿油全部擦去。（此时要减少抛光垫蘸取虫漆的次数。）

11

给边角抛光。用抛光垫给木头表面抛光效果固然好。但诸如凹处、角落、缝隙、图案等处，就需要另一种技艺。打开一瓶虫漆溶液，敞口放置一到两天让酒精蒸发。用小刷子把以上浓度稍低的虫漆溶液涂抹到边角处。接着用抛光垫抛光。另一种方法就是把抛光垫打开，撕下里面的湿布，然后用这些湿布进行抛光。

12

让家具吸收溶剂。大约一小时后，停止抛光，等待几天，让木头充分吸收表面涂抹的溶剂。看到涂抹的溶剂渗入木头，你可能会对抛光的效果感到失望。但是这个过程就是这样的。一件成功的法式抛光产品需要重复抛光2~4次（一些抛光师需要抛光7次）。由于木头上面的虫漆越来越多，后续操作用时相对短。

13

擦去残留的婴儿油。当木头不再吸收溶液，并且你已完成所有工序时，留出几天让木头晾干。拿出一个新的抛光垫，蘸取少量变质酒精打湿抛光垫。接着仔细擦拭木头。以直线方式移动，轻擦几分钟，抹去之前涂抹的婴儿油，直到木头表面没有瑕疵、呈现潮湿状态为止。

在这个过程中肯定会出现不尽如人意的情况，但是失败是获取真知的唯一途径。抛光垫过于潮湿导致抛光涂层融化；抛光垫过于干燥会划伤木头；用力过轻没有将婴儿油擦去；用力过猛将擦拭痕迹留在抛光涂层上……以上情况都有可能发生。记住：熟能生巧。

14

重新粘接其他装饰品。接着，我小心翼翼地把青铜和镀金装饰品重新装饰到木头上。

仅限专业人士

为了增添光泽，一些抛光师在擦除婴儿油时会在抛光垫里加入少量硫酸（汽车电池酸）。在水中滴入一两滴酸进行稀释；接着，在新的抛光垫上滴一两滴以上溶液。此操作在第12步后进行，且仅限于专业人士（初学者请忽略这段话）。

故障排除

抛光垫过于饱和：如果抛光垫产生黏性，蘸取酒精；等抛光垫稍干燥一些，继续之前的操作。

想要让凹凸的表面变得光滑，就采用0000超细钢丝绒擦拭或用1000砂纸将其打磨掉。接着，继续对凹凸处抛光，直到它与周围平面一样平滑。

替代方法

你随时可以停下来给木头打蜡。这样，木头就能呈现出绸缎般的光泽和更加古色古香的感觉。这种情况下，就可以跳过十分棘手的擦除婴儿油的步骤。

另一种替代方法是使用英式清漆。将溶解在温水中的动物胶刷在木头表面。溶解后的动物胶能够将凹凸处填平并保持其色泽。动物胶干了以后，用400粒度的砂纸打磨，接着进行法式抛光，跳过浮石粉和填充操作。最后涂一层蜡给木头增添绸缎光泽、增强抗腐蚀能力。

如果你对英式清漆感兴趣，但不愿意给家具涂抹虫漆，较好的替换方式就是半打磨的法式抛光；用常见的填充物填充纹理，涂上几层虫漆，每涂抹一次虫漆就进行一次打磨。接着用抛光垫进行1~2次抛光。从技术上来讲，这种操作会突显涂抹和抛光之间的差别。但是成品效果不错，很多人还会误以为木头经过了完全抛光。

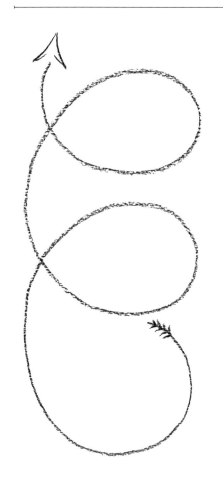

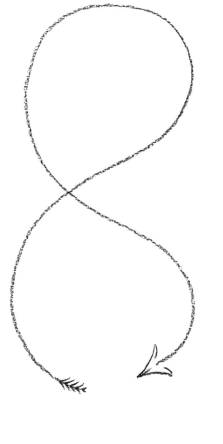

1. 制作：将其系紧

2. 融合：八字划开

3. 表面处理：长时间连续划开

从内部填充材料。解开顶部（或打开塞入的边角），往里面倒入一点虫漆混合后再次系住。抹擦家具物件之前，先在手背上拍打，测试潮湿程度。这样在测试内部材料用量的同时可帮助虫漆分布均匀。护垫湿度适当，不可过度湿润。（如果湿度过高，可静待几分钟等酒精蒸发。）

抹擦木材表层时，内部材料需要均匀流出。保持垫子平整。

法式抛光完成之后，将护垫放入玻璃罐中，加入几滴酒精，拧紧盖子。护垫可重复使用，在里面可保存数周，如若保存得当，甚至可以保存数月。（但是，如果外部的布子变得油腻或开始破损，就需要换新的衬垫了。）适用的衬垫刚好契合手掌，平整度适当。

如果重复使用护垫，需要确保其浸入适当的虫漆颜色。不同颜色的虫漆应使用不同的护垫。

法式抛光修复

古巴桃花心木桌

既然你已经学过如何从头开始实行法式抛光（详见技法7），我将为你展示如何修复现存的抛光。抛光修复要根据家具物件的现有状态进行，但过程十分相像，你可能需要跳过部分初始阶段。

家具

这张具有活动翻板的大气的桌子由罕见的古巴桃花心木精心制成，现属于纽约市政厅，2012年曾在市政厅遭遇过飓风桑迪带来的洪水破坏。桌子顶部及每块活动翻板是由一整块上好的实心桃花心木制作而成。就任何一种木材而言，如此大小的木板在今天实属罕见，最具美感的古巴桃花心木更是异常珍贵。因为过度砍伐，此种木材已经不复存在。

外观

目标是使桌子重焕闪亮光泽，消除斑斑水渍。我之前曾为纽约市修复过。

过程

修复法式抛光家具仅需要用细砂打磨家具，而无须剥离表漆；同样，无须剥开表漆。清洁工作完成后，在使用护垫抛光前只需轻微填充（使用虫漆密封或浮石打磨）。

类别

虫漆、天然漆。

难易程度

中度。虽然修复工作往往令人望而退步，但相对于打造法式抛光家具而言，修复还是相对简单的。

谨慎着色

在法式抛光的过程中，可在护垫里滴入一两滴醇基染料，不能再多了。这样可以遮盖修复痕迹，调和错搭部分，或提高木材颜色亮度。（你可能想要加入更多的染料，但千万不要这样做，因为等你反应过来，木材已被污迹弄脏。）将衬垫在桌面上来回打磨，让颜色分布均匀。但要预先知晓：此项工艺技巧需要大量练习，并且要注意适度节制。

你需要的材料（见第172页"法式抛光"）

- 变性木醇
- 虫漆
- 100%棉布
- 4F浮石
- 400~600粒度的砂纸
- 婴儿油（或其他矿物油）
- 法式抛光护垫
- 蜡

1

清洁。使用酒精蘸湿的棉布清洁木材。

2

砂纸打磨。用砂纸打磨整个家具，受损及未受损的区域均需打磨，使表面成为水平混合曲面。使用干湿或免切砂纸，因为这两种砂纸比较润滑，不会刮伤木材。受损区域需要多次打磨；在这些区域使用相同粒度的砂纸，打磨时间需要更长一些。法式抛光及醇基漆的好处在于不需要再单独上膜：染料涂膜会化为一体，这样更利于用砂纸打磨，打造平坦表面。尽量使用最适宜粒度的砂纸，目的是保持表面干净平滑，而不是将木材打磨光秃。通过触摸进行判断。

5

虫漆和浮石。先使用虫漆密封剂，再使用浮石。即使纹理精细满布，但我们的目标是对木材进行细微打磨，为以后的虫漆工作打造完美基础。

6

复原法式抛光。详见第176页的指导说明。

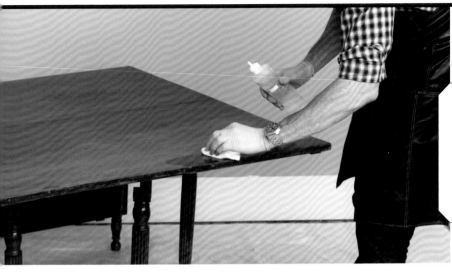

准备工作只需使用轻度酒精擦拭，无须剥离表层。这就是法式抛光的魅力所在：即使表层漆受损，甚至严重受潮损害，也仅需将受损地方揭下一点之后就可以进行修复。

3

使用酒精清洁。需要打造干燥无尘表面。

4

开始必要的修复工作。现在木材虽然满布纹理，但基本光秃。在这个阶段，你需要对木材进行多方调整。例如，如果有环状水渍，你可以漂白表层。但我不推荐着色，因为这样家具修复的部分与其他部分颜色不匹配。

7

使用虫漆密封。对于古式家具，红宝石色虫漆可与家具其他部分的颜色完美匹配。想要进一步的全局匹配，你可采用之前介绍过的在护垫中加入醇基染料（详见第181页）。修复法式抛光，你也可以最后上一层蜡膜：相比于全光饰面，这种柔和、光泽的外观更符合古式家具。

水镀金法修复

圆镜镜框

使用薄层色谱法修复金箔镜框或相框十分常见。时间一长，木材基底及上面厚厚一层石膏会移动分离，导致镀金层脱落。修复工作与从头添加镀金层没什么不同。整个过程可能会比较令人心力交瘁，但只要一步步分解，不会令人望而却步。只要当天保持头脑清醒即可。

家具

追溯到19世纪初中期，这件镀金镜子还保持完好，光泽透亮。只有少数脱落的补丁需要修复，包括一段约10cm长的部分，接下来我将会展示其修复过程。

外观

要使修复部分不显眼，需要使新贴的金箔部分看起来光泽黯淡。

过程

我在受损部位一层一层地重建镜框，恢复装饰的轮廓。贴上金箔后，我使用钢丝绒使其看起来年代久远（使某些部分露出底漆），涂染料和蜡（用以调和光泽），然后使用擦亮石（使其看起来落满灰尘没有光泽）。注意：你需要在无风时贴金箔。你甚至不可朝金箔纸呼吸，不然会把金箔弄皱或把它们吹飞。

类别

金箔。

难易程度

水镀金法是修复金箔最困难的方法：完成的好坏由表面光洁度及平整光泽度评定。但是，年久形成的黯淡光泽是这项工艺技巧重要的切入点。允许完工后"弄脏"作品使其看起来比较古老。不要被材料本身吓倒。尽管金箔看起来娇贵易碎，但实际上比较结实有弹性；金箔纯度越高，越柔软。

擦亮石

擦亮石是一种由石灰岩泥浆和海藻老化形成的海洋沉积物。几个世纪以来，人们用它来抛光黄铜、珠宝及上好家具，这就叫作法式抛光，此外擦亮石还填补纹理，方便染料涂抹。擦亮石还叫作硅藻岩粉。

你需要的材料（详细描述可见第232页）

- 小铲刀
- 散装金箔
- 美工刀
- 镀金刀
- 石膏
- 镀金垫
- 雕刻工具

- 各式软毛刷子，例如松鼠毛刷等
- 320~1000粒度的砂纸
- 亚麻布
- 玛瑙抛光工具
- 红玄武土
- 钢丝绒（0000）

- 小型合成刷毛画笔
- 黄麻
- 婴儿爽身粉
- 有色蜡

3

重新打造塑模轮廓。使用雕刻工具和凿子给石膏塑型，仿照原本的轮廓细节。专业抛光师拥有适用于每个小裂隙的不同工具，但你可以只购买你需要的工具。把你的家具或者照片带到金箔供应商那里，他会给你推荐最合适的工具及金箔种类；供应商一般对买卖充满热情，很乐意与买家分享资源并提供建议。

5

准备并使用红玄武土。在红玄武土中加入10%的水加以搅拌，使之具有高脂稀奶油的浓稠度。将自然毛制成顺滑画笔浸湿并拍干，蘸取红玄武土涂抹薄薄的一层；这样可以使速干的红玄武土不在画笔毛上结块。进行大面积工作时，为保持产品质量稳定，需要定时清洗刷子。红玄武土会为金箔提供坚硬光滑的表面，且会在几分钟内变干，这样你就可以在需要的地方很快再刷一遍。静候几个时辰使其硫化。

1

去除剥落的碎片。用手或小铲刀尽可能多地去除碎片。用美工刀刀尖去除石膏。保守点一些，但松动的地方需要全部去除。这个步骤比较麻烦。

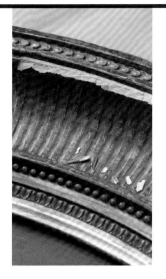

2

涂抹石膏。用小型合成毛刷把石膏涂抹在受损部分。填满每个凹槽和缝隙，使表面粗糙的地方变平滑。第一层涂抹完毕后静待30分钟，待其没有完全干燥时接着涂抹第二层。金箔行家可以涂抹十层轻薄石膏，但需要涂抹几层取决于家具损害程度及你对结果精细程度的要求。之后放置一晚。

4

使表面变光滑。使用砂纸打磨石膏，粒度由低到高；如果需要去除大量石膏的话，首先使用320粒度的砂纸，之后慢慢将砂纸粒度提高到800（甚至1000）。最后使用亚麻布摩擦石膏，使其表面像纸面一样光滑；一丁点的缝隙都会在金箔上显现。

6

将红玄武土擦亮。使用粗糙的亚麻布来擦红玄武土，使其完全光滑。你也可以使用浸湿的手指或砂纸去除缝隙（砂纸粒度需为1000）。

7

双手保持干燥。在贴金箔之前，将婴儿爽身粉撒在双手上，保持双手干燥：不要让散装金箔受潮、沾油或处于在通风条件下。

8

准备金箔。使用镀金刀从小册子中提取几片金箔，放置在镀金垫或者小羊皮上。修复整个镜框，我只用了两片金箔，一共修复了三四处受损的地方。（剩余金箔可用于装点巧克力或甜点；是的，金箔可以食用，因为它不能消化。）

9

裁剪金箔。用小刀片轻轻地将正方形金箔压平，然后将金箔切割成需要的大小；将较小部分用于复杂细节处再好不过了。

11

将金箔贴到镜框上。使用松鼠毛刷，从镀金垫上粘起一块正方形金箔。（首先，在额头上轻刷几下，或将凡士林涂于手背，刷子在手背上蘸取一些，这样可以增加刷子的黏性。）将金箔放置在镜框上，它会展开且完美地压平在潮湿的红玄武土上。重叠3/16英寸将正方形敷于镜框，这样两个凹槽之间就没有缝隙了。

12

静待金箔黏附于镜框。酒精立即蒸发，下面的多孔黏土迅速吸收水分，这样金箔会黏附在表面。等待10分钟，用质地良好的自然毛画笔轻刷金箔，这有利于将没有贴合的地方黏附于镜框。即使你希望留出部分暴露的红玄武土营造老旧光泽的效果，但仍需在红玄武土突出显露的地方多加几层金箔，之后放置一晚。

14

暴露红玄武土。轻轻用打磨剂按自己的喜好揭开红玄武土，重造年代久远质感。我首先用精细钢丝绒摩擦，然后使用粗糙黄麻布打磨。

15

新旧部位光泽保持一致。使用醇基或水基染料涂抹新补的地方，使其颜色变暗。（当然，新补的地方会随着时间流逝颜色褪色，逐渐老化，你只是加快进程罢了。）你也可以用手指涂抹一点棕色贴蜡遮掩金箔的闪亮光泽。一点一点地来，涂抹一点染料，再涂抹一点贴蜡，最终与原有的光泽一致。

10

湿润镜框。准备水和酒精混合液（水与酒精比例为3:1；这种溶液能够溶解皮胶中一两个颗粒，增加黏性），将其刷于镜框上。因为水干得极快，因此，可以多次涂刷，但注意不要让打磨好的红玄武土表面太湿，所以每次只处理小部分镜框。

13

抛光。使用玛瑙抛光工具使金箔与黏土无缝粘贴，从而抛光金箔。用这个步骤打造金属光泽，如果你比较倾心于哑光金属质感，你可跳过这个步骤。你会惊讶于抛光工具粉刷金箔表面的强大程度。

16

表漆。最后，涂抹粉状擦亮石，仿造尘土堆积之感。使用刷子拍打，然后扫去多余的部分。

水镀金

运用色泽和模型替换镀金镜子
和多色装饰镜板转变

水镀金也可以使家具呈现出人工老化和陈旧的外观。然而，这面水镀金镜子的修复过程更加复杂，因为破损极为严重，需要大面积替换零部件。此外，还丢失了两个尖顶型装饰。

家具

萨拉·斯科特·托马斯是新奥尔良花园街区巴尔扎克古董店的所老板，她寻遍法国，寻找特定时期的家具。最近，她发现了这面拥有华丽彩饰（用来描述多色彩装饰性图画的行业术语）的镀金镜子。这种框架层看似设计独特，实际上却是一团糟：油漆剥落、石膏碎裂、线条破碎、杆头失踪……原来的主人还用青铜漆料上色，成为毁坏原有色彩的罪魁祸首。

外观

萨拉的很多顾客都喜欢这件毁坏的作品，因而她不想对其进行过度修复。由于没有严格要求将其修复为特定时期的作品，我充分自由发挥，将废弃模具用风格稍有差异的边框进行替换。（在历史性修复中，我能够通过现存的部分重现模具原有的外观。）

过程

移除所有松动部位，重造作品，修补一些部位，换掉其他损坏部件。我更喜欢传统水镀金：使用石膏、红玄武土、金箔。之后，我会使金箔产生色泽。（这里使用油面镀金更合适，因为我把这件家具改造得十分老旧。）

类别

镀金恢复。

难易程度

中等。

准备工作

注意安全：修复前拆开作品，取出镜子。

变成镜子之前

这件家具是块牌匾。"Confrerie des Agconisans"意为"烈士兄弟会"，这是一个宗教骑士社团。镜子替换掉的钳板很有可能刻着社团成员的名字，在天主教仪式当中出现。

你需要的材料

- 小刮刀
- 美工刀
- 水性泥子（非必须工具）
- 皮胶（非必须工具）
- 320~1000粒度砂纸
- 石膏
- 合成软猪鬃画刷
- 粗麻

- 雕刻工具（非必须工具）
- 红玄武土
- 优良的天然猪鬃艺术家刷
- 清洁棉
- 纯棉抹布
- 棉签（非必须工具）
- 散金箔
- 镀金刀

- 镀金靠垫
- 多种软毛刷，如松鼠毛刷等
- 玛瑙抛光工具
- 钢丝绒（0000）
- 黄麻
- 彩蜡

3

连接任何可用部件。用木头或皮胶把能重复利用的模具边的框松动部分重新连接在一起。

4

磨砂。采用320粒度砂纸，将新加入的木头或木制部位打磨平整。

5

涂抹石膏。任何进行了填充、修复或补充的部位，包括模具和尖顶饰，都需要涂抹石膏。接着用400粒度砂纸打磨，然后再用800砂纸打磨。（参见第184页"水镀金法修复"中的第2步。）

7

替换缺失模具。用冒着蒸汽的盘子加热新的模具，直到模具外侧具有延展性，且有些融化，这样操作会使模具中的胶水再次发挥作用。或者，也可以用橡皮筋将模具放在由抹布遮盖、盛满热水的平底锅上方。接着将模具按压到边框中。此时，模具具备了一定的延展性，能够很好地契合框架边框和不同部位连接处。最后，只需要将木杆嵌入即可，不需要涂抹石膏。

1

准备工作。拆除所有松动部位：碎片、碎裂石膏、剥离磨具上的斑块等。（详情见第184页"水镀金法修复"中的第1步）。

2

填孔。用水性木泥子填充所有空隙或起皮部位。

6

擦拭木杆。用柔软的合成鬃毛画刷擦拭木杆；接着，用粗亚麻线摩擦木杆直到其变得平整。用湿手或1000磨砂纸擦拭掉残留的缺陷。（见详情见第184页"水镀金法修复"中的第5步和第6步）

8

清理彩饰。清理彩饰时，我选择了清洁棉；清洁棉同专业修复人员使用的工具类似。也可以用热水和天然香皂，如橄榄皂或马赛皂与少量氨混合，用抹布或棉签清理，并用干净棉布清理多余彩饰。你可以注意到进行这一步时，为了保护镜面，我将顶部装饰物取了下来。

9

替换尖顶饰。在这里，我用新的尖顶饰替换缺失的尖顶饰。由于两个尖顶饰均已丢失，我无法得知原有尖顶饰的样子。因而，我选择了一个与边框风格一致的替代尖顶饰。镀金之前，需要涂抹石膏和红玄武土。

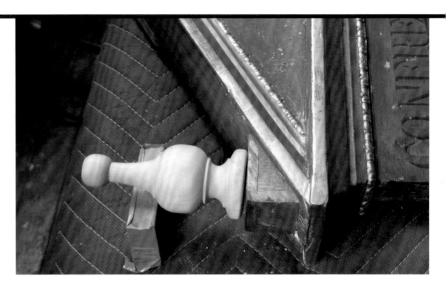

10

给金箔子上色。采用水镀金法（参见第184页"水镀金法修复"中的第7步到第11步）。接着，进行细致的抛光。

11

人工老化。用顶级钢丝绒（0000）或黄麻给修复后的金箔子增添色泽，使其与家具其他部分色调一致。

12

上色和增加陈旧感。按照需求，用乙醇基染料给叶子上色；接着用彩蜡再现陈旧色彩和年代感。（参见第184页"水镀金法修复"中的第15步）。

什么是合成模具？

　　历史上，边框模具由木材手工雕刻而成，通常是椴木，整个过程十分耗时。工业革命期间，英国工匠发明了一种能替代手工制品的高效且可大批量生产的产品——合成模具。尽管每个人用的材料不同，但是均是通过以下方式进行的：将巴黎石膏或常见的滑石粉同胶合剂（通常是动物胶、松树汁或亚麻籽油）与棉花或者麻纤维或木屑混合。接着，把混合物倒入模具形成按码出售的珠子或重复图案。这些合成物上色或抛光后看起来跟天然木材别无二致。

　　尽管意大利文艺复兴时就出现了常见的合成物，但是直到18世纪这种工艺更加精湛后，合成模具才开始大范围普及。当时，爱尔兰工匠开始用合成物制作壁炉架。英国新古典主义设计师罗伯特·亚当斯资助设计带有希腊和罗马装饰的家具，一时颇受欢迎。这种工艺很快在美国获得成功，并得到不断创新。然而在法国，尽管合成模具被大量用作边框，由于质量低于手工制作产品，合成模具的口碑不好，价格也比木头雕刻的模具低。19世纪之后出现的边框都有可能是合成工艺制作而成。一旦合成品遭到破坏，整个部分都会脱落。相比之下，木制品则只会使整个图案开裂。

替代方法

复合箔

想要感受下这个技巧,可在由铜铝复合而成的铜铝箔(模仿金银箔)上动手一试。复合箔面积有些偏大、偏厚、更结实,因而更易于操作。

油镀金

油镀金通常会给人一种质朴的感觉,但是即使金箔表面不能抛光,也可以非常平滑,这种巴洛克风格的床头板就是最好的例证。如果把这种易于涂刷的光滑金箔涂到准备好的基片上,表面就可以变得非常平滑。室内设计师杰米·德雷克不仅是我的老顾客,还是我的老朋友。这件家具由他刚刚设计完成,我需用这一方法对其进行处理。准备工作中的小窍门:用砂纸打磨表面直至表面特别光滑,然后用抹布涂擦,使表面只留下薄薄的一层。这一技巧可能只适用于像这些表面平长的部分。之后,用超细钢丝绒(0000)打磨金箔,然后再上蜡以增强光泽度。

金粉蜡

我选用乳霜状调金油来展示椅子上的雕刻细节。这个过程既迅速又干净,能够突显细节设计或者改变枯燥、过于一致的表面,任由灵感发挥。可以用刷子刷,也可以用手指涂抹,然后隔夜晾干即可。

打底色

一位设计师顾客拿来这把椅子,让我们全面改装一遍。最初的边框表面是双色调,金箔使米白色更亮眼,与椅套搭配起来中规中矩。我建议先给整个边框镀金,然后用超细钢丝绒(0000)摩擦金箔,使呈现出的光泽更亮丽。这种处理方法会使部分米白色底漆显露出来,这点和在典型的仿旧处理时露出红木的原理是一样的。

色泽颠倒

已将金箔贴于边框表面,但是仍需一点其他色泽。因为金箔的性质不稳定,表面易磨损,无法遮住木头,所以在金箔上轻涂一些红色的乳霜状调金油。(专门用于制作这种效果的产品可在金箔店中购买)。这种装饰技巧的效果会使人产生错觉:红色看起来不像涂在金箔的上面,反而像在金箔的下面。

调金油

为了使这个床头柜焕然一新，我用调金油完成了简易的仿金箔表面处理。切勿选用五金店里的廉价调金油，因为其中的金属颗粒比较粗糙，而且容易失去光泽，最终会使整个家具看起来像个散热器。该产品由黄铜、青铜或铝等多种金属的微颗粒组成。因为调金油中悬浮着很多金属染料，所以不易褪色。但是它们会直接沉淀在漆料底部，所以在用刷子蘸漆料之前需用力搅拌。刷这三层漆的时候都会用到这一技巧，打磨在刷漆之间进行。

1

无光糙面白色油基底漆看起来很像石膏。确保选用的家具表面已打磨光滑。

2

涂上一层红色油漆，使表面平整、略有光泽。选用土红色漆料，带点几乎与砖红色一样的赭色。

3

表层调金油，越贵越好。用软毛刷涂刷。等所有漆料固化之后，可根据需要用钢丝绒打磨露出更多的红色。用0000型号的钢丝绒打磨均匀后，表面的金色薄层具有不透性，只会略微透出点红色；纤维较粗的钢丝绒（00或者0）可用来制作刮擦、损毁的效果。还可以使用色蜡故意磨损、弄脏表面，使家具看起来具有年代感。若你喜欢表面有光泽的家具，还可以涂上一层清漆。

仿旧处理

18世纪的北欧柜橱

通过酸漂白、铅白等一系列技术可以实现家具的仿旧处理。根据家具材质和所选工具的不同，产生的效果可能偏于古旧时尚或者更加古色古香。这里使用的是牛奶漆，可以保留古斯塔夫式家具的古色古香。为了重新呈现褪色的效果，需要根据不断发展的时尚，仿拟出原工艺所经历的岁月变迁，就好像它经历过绘漆、脱漆和重漆。

家具

这个18世纪的柜橱原产自北欧地区，可能产自荷兰或者瑞典。它可以用作衣橱或者用来储放瓷器或其他需要妥善保管的贵重家具，所以这种家具是为中产阶层家庭设计的，尤其是从商之家。这件家具本身是有漆的，可能几个世纪以来也涂过几次漆。松树只是一种非常普通的木材，在那个年代，松树也并不是最理想的家具材料，所以人们通常会用喷漆或上色的松树假冒其他奇珍木材，这样做比使用红木或核桃木的成本更低。有段时间，人们为这种木材上蜡，使之看起来像产自欧洲的名贵松树——油松。松油含树脂较多。

外观

因为想制作出仿古怀旧的样子，给人一种古斯塔夫风格的感觉，所以我首先选用那个时期传统的灰白色，但使用的有色漆料属于暖色系。这种表面处理的灵感源自一幅萧条的冬日景色——蓝色、灰色、浅褐色相互映衬，给人以寂寥、宁静之感。除了表现冬日之色，还尽可能传达出这个季节的质感——干燥和荒凉。不过，这种表面并非色彩丰富、漆料厚重，而是趋于扁平化的一维空间表现。

过程

使用传统的牛奶漆，只要水粉混合的比例低于平常值（一般比例是1:1）并快速刷上超厚漆层，很容易就能制造出仿古效果。顶层从下面吸收水分后会出现裂纹，这种脱落效果则可增添历史真实感。

类别

刷漆。

难易程度

因为无须均匀涂刷，所以这个技巧允许有瑕疵，而且斑点、瑕疵本身也是美的组成部分。

准备工作

移出金属制品和抽屉，并给家具脱蜡。

脱蜡处理时不必一丝不苟，有遗漏反而有助于增强家具的年代感；留下点蜡，刷漆后的表面就不会那么均匀，而且有利于表层脱漆。

古斯塔夫斯式家具

古斯塔夫三世，是18世纪后期在位近三十年的瑞典国王，这款家具是以他的名字命名的。这种家具风格采用了法国、意大利及英国家具的新古典主义风格，特别是路易十六时期的设计风格。作为北部皇室的典型代表，古斯塔夫式家具的外形简单，表面主要使用白色、淡蓝色或灰色，有的则是镀上金边，所以比其他欧洲风格的家具更加简约。

你需要的材料

- 牛奶漆
- 5~10cm的天然鬃毛油漆刷
- 100%纯棉抹布
- 塑料硬毛刷
- 蜡

1

练习与计划。每次在漆刷之前，我都会用干刷子演练一遍。如果使用牛奶漆，练习至关重要，不要调好油漆后就贸然行动，可以先用水刷一遍，水迹不会存留太久，15分钟到30分钟。演练可以帮助你形成正确的思维态势，以免出错。涂漆或着色的时候，先涂刷凹进去的部分，后涂刷平面部分，从中心向边缘移动刷子；对于门框和门板而言，先顺着水平方向涂刷，然后沿着垂直方向涂刷。

3

刷第一层漆。顺着木板纹理的方向拉动刷子，动作轻快、连贯，浅浅地涂上一层即可，切勿涂得太厚，因为还要凸现纹理，而有些地方则留作底色。从凹进去的边角开始，尽量把刷子塞进去，不要着急，慢慢刷，这是最难的一步。然后涂刷平板部分，这一步由内向外进行涂刷。刷抽屉时，只刷前面和侧面，里面不用刷；如果很想刷里面，也一定要使用白色，使整个抽屉看起来整洁、一致，切勿花里胡哨。最后，晾上若干小时至油漆风干即可。

5

刷第二层漆。顺着纹理轻微地刷上第二层漆。注意要比刷第一层漆时的力度还小，用量也更少。因为主要是为了表现出时间久远掉漆的样子，所以不必在乎边角是否都有刷上。

设计师约翰·萨拉迪诺擅长古典优雅风格的家居装修，我的首个重要项目正是受他的委托，我也是从他那里学到的这一技巧。走进一间刚镶嵌好木板的房间里，他让我构想一个已有的历史，然后我将重塑这一历史。在我的脑海里，这个房间，就像这件家具一样，可能在最初的时候刷过漆，随着时间的流逝，这些木板遭到毁坏，又涂刷过很多次（为了遮住污渍、烟熏、油脂和剐痕等等），然后表面脱落露出木纹。这一结果见证了历史变迁，也见证了你追求古旧风格的内心世界。

2

准备漆料。第一层或者底层应当使用白色，底漆颜色，但是接下来的几层则应加入染料。

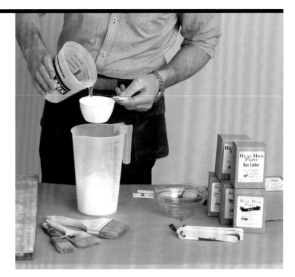

4

准备第二层漆色。这时，我在灰色中掺入了蓝色、绿色和暗褐色。切记要先取样试一试，评估一下上漆的效果。还要切记随时记下染料配方及其混合比例，这个记录本要像参考书一样放在手边。（把我这些记录进行归档，以备不时之需，比如顾客想要修护家具、补漆，或者他们还有其他家具想要使用同样漆色。养成归档的习惯。归档总是有用的，可以把它们保存在好看的装饰箱里，放在摆放设计参考书的书架上）。调漆时请勿过于节约，用不完浪费掉也比中途不够用要好。因为一旦调好了漆色，即便有准确可靠的配方，也不可能再调出一模一样的漆色了。

6

晾置一宿。如果刷漆时非常认真，想要呈现出完美的漆面，那就最好等上几天再刷第三层漆，这样可使所有漆料得以固化。但是如果只需要看起来平整的话，那么等一宿就可以刷第三层漆了（如果想要冒险尝试一下，或者只需几个小时）。第二天早上，将会看到顶层出现的细微裂纹。

7

刷第三层漆。第一层和第二层是主色；接下来刷漆则是为了增强光泽，使之出现灰尘或磨旧的样子，所以这一步我选用的是褐色染料。与我们设想的不同，这一步的效果是看起来不像新刷了一层，而更像下面的一层掉漆了。因为想要将下面的两层颜色显露出来，所以这一层确实需要有所区别。动作轻缓地刷上薄薄的一层，具体操作由自己掌控；刷子基本上应该是干的。

9

仿古。待晾置干燥后，使用塑料硬毛刷制造出看似磨损的效果。接缝、板间间隙、抽屉上面、把手周围等等，但凡是在长久使用中手触摸到的地方都要刷。漆料很容易就把想要突出表现的木节擦掉了。若想擦掉更多的漆料，宜换用钢丝刷（若仍使用刚才的那把刷子，则需用力很大）。

11

打蜡。最后打蜡可使家具表面平滑、整洁，而且封蜡还可防止漆面剥落。打蜡也能起到保湿作用，使表面的牛奶漆更具光泽、更持久，也更具有磨损、油渍斑斑的感觉。可以选择抛光打蜡，使之略有光泽，也可以不做任何处理达到干燥、哑光的效果。几日之后等所有东西都固化了方可使用。

8

擦拭。擦掉多余的漆料,因刷子不易掌控,故推荐使用抹布。这一步骤还可以清理掉少量干裂、脱落的漆料,使底漆甚至底漆下面的木纹显露出来,在这种地方可以多刷些漆料。边角中留下些许漆料,可以达到看似脱落、有些脏的效果。在做这一步时,切勿着急,因为这一步是整体艺术效果的精髓所在。

10

晾置数日。涂刷三层或至多四层漆料后,晾置数日,直至漆面风干,以防止漆面脱落。你会发现不同染料开始出现混合,留心观察灰色是如何变成具有年代感的棕色的。

感受一下效果与灵感的相似度:萧条的冬日景象。

注意

第一层漆浸入木材,很快就几乎全干了,但木材吸收接下来的几层漆料的速度较慢,但是仍然只有15~30分钟的操作时间。

储存在容器中的优质牛奶漆,保质期约为1~2周;而劣质牛奶漆最好在几天内使用完毕。

牛奶漆无毒、无味,所以这项技巧可在家里的任何地方操作。即使在操作中会滴落些许漆料,但不至于弄得到处都是。

由于它们很黏稠,一般会直接落在罩单上。

替代方法

如果想要用牛奶漆进行表面的抛光操作,则先要对家具进行精心的脱蜡处理(与上面的松散处理方法相反),以得到质地均衡的基板,否则牛奶漆就不能完全黏于表面。根据生产商的说明调好漆料。与仿旧处理时的轻轻涂刷正好相反,此时需要涂上厚厚的一层漆,晾置风干即可。如果想让家具看起来有光泽,可以在最后进行密封油或封蜡处理。

擦干蜡

镶板门

这种低调、防止出故障的处理方法尤其适合那些粗制家具，比如食堂或寄养所的桌子或是普通的大橱柜。可以在原木上或者先前经过封蜡处理，但已失去光泽的表面涂抹干蜡，干蜡能够保护木制家具表面不受污渍和液体的影响，这可以很好地保护桌面及其他家具表面。

家具

这扇门的木材是阿尔卑斯冷杉，在法国被称作落叶松。这种木材的颜色呈蜂蜜黄，它不仅色泽好看，而且质地坚硬，是一种质量很高的松树。因此，落叶松通常用来制作镶板门和普罗旺斯大橱柜。

外观

如果选用这种松树，表面处理的方法就很有限。这种木材不容易着色，往往会出现斑污，给人一种不干净的感觉。而且液体蜡、虫漆及松节油会使本身呈暗黄色的木材变得更暗。擦干蜡这一技巧有助于增强木材自身的光泽、保持干燥的外观。虽然松树不是名贵木材，但是制成的家具具有保持长久光泽的惊人功效。

过程

只需要准备纯净蜂蜡，然后用力涂擦即可。操作过程简单方便，不会产生任何气味，也无须在操作前移动或者拆卸家具，而且所使用的纯净蜂蜡（不含任何溶剂）完全符合饮食安全。抛光会把木材纹理和木质纤维压平，使表面漆色发亮，进而起到保护作用。虽然这里使用的是专用工具，但在处理小件家具时，也可以选用小号玛瑙制抛光器或石制抛光器。

类别

涂蜡。

难易程度

容易。

准备工作

用320粒度的砂纸打磨表面至光滑为止。

抛光工具

18世纪，匠人世家出身的巴黎家具师鲁博先生写了一本关于家具风格与技巧的指南，这本书至今仍被视为行业权威。当年，与他同时代的木匠嫉妒他的匠艺，对他产生戒备心理，而他却是首位将自己的匠艺、诀窍公之于众的匠人。在研究木材表面处理方法的过程中，他发明了（或描述了）一种采用固体蜡作为介质和润滑剂的抛光工具，从而使硬质抛光缎面更具光泽。在我看来，鲁博的这个工具与法国传统抛光技艺中所使用的马尾草（植物）相比可能更为粗糙。

你需要的材料

- 黏性抹布
- 纯净松节油或变性甲醇
- 一块洁净、天然蜂蜡
- 抛光工具
- 抛光毡或羊毛抹布

1

认真清理表面。若家具未经过抛光处理，选用黏性抹布进行清理；家具表面若上过蜡，就选用浸有松节油或酒精的干净抹布擦拭。从而将粘在表面的灰尘及老旧、脱落的表层杂质清理掉。（每种产品都有其优势：酒精干得快，因此无需等待即可进行下一步；松节油具有增湿功效，可使木材吸收养分，但是需要晾置一宿。）

3

评估方法。一旦全部涂擦完毕，家具表面会到处散落着干蜡微粒，还会出现一层细微的几乎觉察不出的蜡衣。

4

即刻抛光。与膏蜡不同，纯蜡不含溶剂，因而无等待干燥时间。用抛光器涂擦干燥的、上过蜡的家具表面（如果抛光器是全新的，先用干蜡擦拭。）经过抛光的家具将立刻变得色深、有光泽。

这个小而硬、类似刷子的工具可从网上购买，也可以自制，比如，裁剪天然鬃毛长柄刷或者使用扁平块状软木塞。

5

用抹布擦亮。若表面光泽黯淡，可使用毛毡或羊毛抹布继续抛光。而残留在刻纹细节或轮廓上的微粒需用手指清理掉。

2

擦蜡。紧握整块的固体蜡，大量擦于木材表面。切勿遗漏任何地方。在给细节、饰条轮廓处擦蜡时，使用小块蜂蜡的棱边，顺着木纹方向进行涂擦。

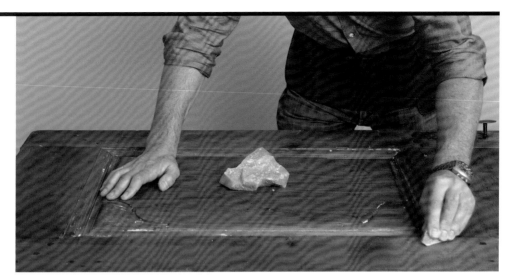

维护

除了偶尔用浅色羊毛抹布打磨一下，经过此次处理的家具在接下来的几年里都无须维护。若桌面因使用不当而产生污痕，可使用酒精或松节油清理，然后重复整个操作过程。

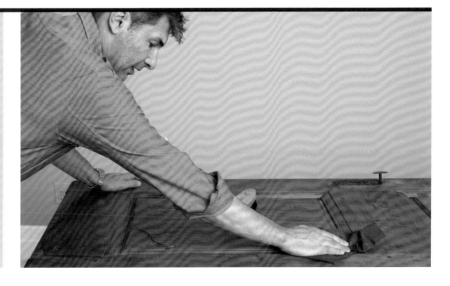

木材修复

18世纪的摆设小桌

这种桌面可调节式圆桌向我们展示了在旧家具翻新过程中通常会遇到的结构性问题：桌腿折断、脱节，或者已使用蝶形接头修理过的桌面折痕再次断开。这些问题都非常容易解决，无需担心。

家具

这是精心制作于18世纪末的红木摆设小圆桌，乍地一看略显破旧，但只需简单修补、抛光便能延长桌子的使用寿命。可以看出来这件家具在此之前做过修复：蝶形接头是一种传统的断面或平面的修复技巧，它与使用木材胶黏合的作用一样。由此可以推断出这些修复出自19世纪的木匠技艺（或者是当代工匠使用了这种修复技巧）。虽然当今的木匠通常使用蝶形接头装饰精致的仿古桌面，但他们在制造桌子时通常使用强力胶，而不是使用蝶形接头。

外观

顾客总有几分纯粹主义者心理，想要尽量保持家具的原样。为了保护家具原有的完整面貌，只能选用传统胶和填料。顾客不想对家具进行重新抛光、磨砂，甚至清理桌面也不可以。所以修复好损坏部分之后，在桌面涂上一层浅浅的色蜡，用来减少断裂痕迹，但并非彻底清除掉这些痕迹。留下来的修复痕迹使古典家具更具特色，也可表现出家具使用年代的久远。

过程

检查所有损坏之处，确保整个家具修复完好，修复后的这件家具已经没有其他问题了。（无论哪一个支脚不稳固，都意味着需要专业木匠或修复工进行专业的支脚嫁接操作。）然后，清理干净桌面上的旧胶，以备使用新的黏合剂。这一步关系到新的黏合剂能否持久使用。所以，切勿匆忙了事，提前准备好工具，每一步都做到准确无误。

类别

修复。

难易程度

中等。

准备工作

移出桌脚下方破旧的环保毛毡垫。

摆设小桌的特征

它是一种轻巧、移动方便、用于装饰的圆形小桌。摆设小桌（gueridon）在法语里是指滑稽的杂变演员，因此给人一种轻巧、多变的感觉。

你需要的材料

- 橡胶锤子
- 多把刮刀和一把美工刀
- 稀释剂或温水
- 100% 纯棉抹布
- 变性甲醇
- 皮胶
- 胶水刷
- 夹子
- 水性木材填孔剂
- 牙签、木销钉、木片（可选）
- 凿子（可选）
- 染料（可选）
- 蜡（可选）

1

拆卸桌子。首先拆卸桌脚，用橡胶锤即可轻松敲掉。然后，拧开底座上的螺丝，将桌面拆分成两半，分别进行修复。

2

移除蝶形接头。给每个接头编号，记住每个接头原来的位置。在新木材上照着旧接头的形状画出精确轮廓，然后根据这一轮廓制作新接头。

3

清理胶痕。使用刮刀清理掉残留在损坏之处的胶痕。（不要用砂纸，因为砂纸会改变部件的形状，导致无法重新贴合在一起。传统的皮胶易干，结成便于清理的晶状末，使用稀释剂或温水溶解难以处理的块状物。然后，用浸有酒精的抹布清理干净即可。若想完成整个清理胶痕的工作，这一必须做到完美无误。

5

准备与计划。总体演练一下涂胶过程。把各个部分拼在一起，要格外注意怎么用夹子固定（若涂胶之后才考虑这个问题，胶水都开始干了）。我的决定是先处理底座，然后再处理桌面。

6

可选：修复支撑腿。使用木销钉固定修好的裂缝，确保支撑腿和其他部位能够承受很大压力。（切勿使用金属棒、螺丝或钉子，因为使用这些零件最终会使木头断裂。）修理这种问题，使用木销钉是最常见、也是有史以来最恰当的一种方式。在受损部位垂直凿出小孔，将木销钉插入孔内，使得彼此紧紧咬合。削掉木销钉露出来的部分，然后打磨，修整平滑。如有需要，还可使用填充料，然后将其打磨平整。

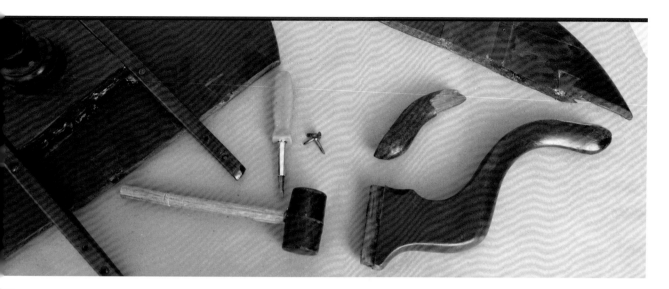

4

填充孔。由于现存的螺丝孔很可能受到磨损或被滥用，因此需要进行修复。我自己发明了一种填料，这是一种将锯末、水和胶水相融合的混合物（见第249页）。用手指或牙签一点一点地把该填料填充到孔里去。你甚至可以将牙签留在孔里，保证与表面齐平，这样可以使螺丝有着力点。最后用酒精或温水将表面清洗干净。

7

涂胶。使用粗糙鬃毛刷在受损部位的两面都涂上胶，因为涂胶后表面看起来是湿的，所以可以看出整个表面是否都涂了胶。胶水很快就能将其固定，但需要过段时间才能完全黏合。因此，若有需要，还可将其拆开重新涂胶。最后用温水和抹布将操作部位周围清理干净。

8

固定新的蝶形接头。首先，将破裂的桌面的两个边缘粘在一起并将它们推到一起。然后把蝶形接头粘到位，在新的缝合线的底部和两侧刷上胶水。用木槌敲击使其完全楔入。

9

在所需处使用垫片。木匠需要做到服帖。在此，我在桌腿和插槽中间使用一个小的垫片，来保证安装做到服帖。垫片留在里面，并把它冲洗干净。在此安装过程中甚至不需要使用到胶水。

11

清洁。一旦所有的部件都固定到位，用湿抹布和温水清洗掉多余的胶水。

12

保持木板整夜干燥。第二天，当你准备开始工作时，请移除所有的夹子。

13

凿平蝶形接头。待胶水干透，凿出多余的木材，以使蝶形接头与桌子底部持平。用凿子将其倒置，这样你就不会将木板凿出来，然后按照木板的纹理轻轻地敲击木槌。

15

减轻裂纹。为了使桌面裂缝不过于明显，我用硬蜡填充裂缝，使之与桌面背景匹配。有多种颜色来匹配你的家具，这些颜色是可以更改的，并且可用于填充那些损坏程度较轻或孔较浅的地方。用你的手指蘸取一点蜡，就像蘸取一点面团一样，并用指甲或信用卡将蜡塞进裂缝处。最后，刮掉多余的蜡。

10

夹紧固定。使用多个夹具，以确保无论从任何角度看，该块木板的安装位置是正确的，每处裂缝处都要夹紧。要有创造性：桌腿等的弯曲元素可能是棘手的问题，所以我尝试使用大橡皮筋来代替。有些家具木匠甚至使用针、电胶带、被切开的弹簧等一切灵活多变的东西。防止桌面等平面出现弯曲，用水平或垂直的钢筋使夹子固定在木板上。即使你的夹子有塑料垫，还是应垫一张纸板，以免损坏木材。

14

添加可触摸填料。胶水干后，你可以快速擦掉裂缝周围的填充物。（这取决于你喜欢什么样的外观及裂缝处的深度。我是这样处理其中一根折了的桌腿的。）通过刷上着色剂和彩色蜡涂层来掩盖漆料，以使填料与木材相混合（详见第274页）。

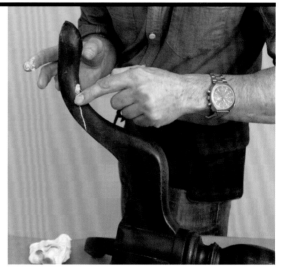

16

重新组装部件。将顶部拧到底座上，更换任何被撕裂、损坏或与其他部件不匹配的螺丝。为确保期间的稳固性，一定要使用一个平头螺丝。

17

打蜡和抛光。在桌面上涂上一层浅黄色的蜡，轻轻地用柔软干净的抹布擦亮，就大功告成了。

贴面修复

18世纪晚期、19世纪早期

带有几何饰面图案的桌椅

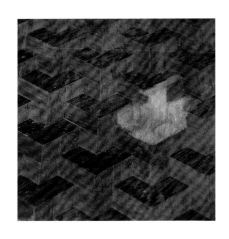

在我的工作中，最常处理的有关桌椅饰面的问题就是表面有起泡或剥离现象，而其余部件却完好无损。另外一个常见的问题就是缺口或弯折处出现磨损或一般性的损坏，这些问题通常出现在桌角处、抽屉的边缘、桌子的顶部或者其他部位。处理这种复杂的图案有点棘手，需要一个修补过程。

家具

这个娇小的18世纪（或19世纪早期）新古典主义的茶几是在我的工作室进行修理的。在那个时期，仆人要把放有食物、饮品、办公用品及针线包的茶几递给主人，因此体积小巧、重量轻的家具十分普遍。这些家具能够更容易地在房间里移动，当然这也会使它们在使用过程中遭受更多的损坏。桌子的表面是用于装饰的，用三种不同几何图案的木材镶嵌拼贴而成。在18世纪，人们没有电视作为视觉娱乐，但是他们拥有艺术，而家具就是其中的一部分。因此，精心制作的图案可以让你迷失在这些错综复杂的图案之中。

外观

我想要复原桌子本来的面目，这就需要一个细致的修补工作，然后通过染色，使修补的部分颜色与现存的镶嵌板的颜色相匹配，从而进一步掩盖裂缝处。

过程

修复它是一个复杂的问题，但并不是那么棘手，只是需要耐心。

类别

修复。

难易程度

根据桌面图案的复杂程度，其修理难度处于中级到高级之间。

准备工作

无。

饰面的天敌

这里指的损害很可能是由某一个重要的事件引起的，如水染色，或者烧痕（正常的磨损不会造成这样的裂口）。大多数时候，你会看到因玻璃杯或花瓶翻倒而导致家具被泡坏。因为水人多了，所以结合处出现断裂，桌子表面出现裂缝。

你需要的材料

- 层压板（一块或多块）
- 美工刀
- 尺子
- 刀片
- 纯棉抹布
- 变性甲醇

- 几张纸
- 水性纸胶
- 单板锯（可选可不选）
- 皮胶
- 粗毛胶刷
- 单板带或重物

1

匹配饰面。在同样品种的木头上找到一块饰板，尽可能保证厚度一致。我手边总是放着一些单板样本的小册子，是在木匠网站买到的。除了要识别不同的木板品种，还要做到完美的修补：以较低的成本选择一块你需要修理的木板，省去要预定一整块木板的烦琐程序。

3

测量裂纹。用裁纸刀和尺子重新测量缺失的木板，在缺口处四周勾画直线。

4

移除旧的木板碎片。用剃刀刮干净木头，在缺口附近小心地留出笔直的、未触及的四周边缘。

7

绘制镶花木板的轮廓。在一个复印件上，按照木板花纹现存的部分绘制出镶花木板内部的图案。仔细地给纸上的片材编号，并制作复印件以备参考。然后小心地切割"拼图"碎片。把它们放在缺口处，根据大小需要进行切割调整。你有可能需要重新制作样板，以求使其正好合适，因此一定要留存图纸复印件。

2

加工表面未整修的木板。结构性工作通常是解决家具问题的首要步骤。在结构问题修复完成后解决表面修饰的问题会使你将各部分紧密地混合在一起。

5

清洁。如果单板已经松动或缺失，可能会出现积累污垢的现象。用蘸有温水的干净的抹布擦拭，擦掉任何残留的胶水或污垢。然后用酒精清洗除去任何残留的油脂。

6

制作模板。将一张白纸或描图纸放在缺口处之上，用铅笔在上面画出缺失的部分的确切轮廓。（不要尝试徒手来切割新的单板，这样做不够精确。）为了防止你在第一次修补过程中失手，多复印几份描图纸。

8

切割木板。当你的修补工作完成得十分出色，接下来就用水基纸胶将模板与新的单板（多片单板）黏合。待胶水干后，用美工刀或刀片切割出准确的形状。专业人士多使用单板锯，这种工具就像轻刀片，能完美地切割木材纤维，并且足够坚固，不会偏离直线。（用刀片在木板上轻轻地划几次，直到你能够重建一个合适的导向槽为止，这类问题就彻底解决了。）

9

涂抹胶水。将胶水刷在缺口处。把制作好的木片放在缺口处的上面。

11

用力按压木片。使用骨质磨光器或任何光滑又坚硬的表面的物品在木片上施加恒定、均衡的压力。当心不要压碎木质纤维。然后将重物放在木片上面或贴上一条单板带，这样在其干燥后木片会与桌子紧密结合。放置一晚将其晾干。

13

为补丁调色。以圆周运动清洗并擦拭整片木板，或者用砂纸轻轻打磨，之后如果需要的话，可以使用优质的画家的笔刷进行染色，从而与现有的单板颜色相匹配。

10

清除多余的胶水。从中心到边缘按压单板，以挤出多余的胶水，并用湿布擦拭干净。

12

完工。使胶带和纸模板再次变得潮湿，用湿抹布、刀片（或砂纸）小心地擦拭；这也将确保边缘处完全融合。一定要把胶带撕成45°角。用油漆稀释剂进行清洗。

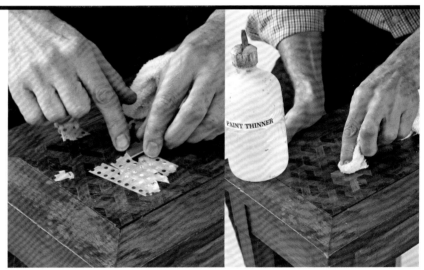

14

更换缺失的单板后，还要清洁、拆除和家具翻新。为了确保修复处能够与周围木板做到无缝衔接，可以通过染料、污渍、颜色等进行进一步的匹配。

一般提示

专业的木匠通常会避免打磨贴面，尤其是镶嵌不止一种木材类型时，或者木板上的纹理走向有所不同（砂纸打磨一定要确保用力均匀，并且要在同一个方向上用力）时。与用砂纸打磨不同，用刀片或木刮板刮平表面来制备单板的修补工作，则只需要使用更薄的刀片。使用刀片时保持在45°角，保证刀片边缘与木板完全持平，使用过程中要控制好力度，以免刮破木板。

当用新的单板来修补旧时，有时需要建立基板，因为旧的单板通常是手工切割的，而且一般比较厚。（如今，切割原木就像是用一个机械刀片在转笔刀中削铅笔一样，可以切割出很薄的单片）。需要使用两层单板，要确保纹理相互垂直。

第五章

常用工具

无论你的工作室是占地四五十平方米或只是衣柜旁边的手推车，下列家具都是工作室内必不可少的东西——原料、产品、工具及物资等。（无论面积大还是面积小，我都会告诉你在这两种情况下如何建立自己的工作室。）一些家具可以一物多用，而另一些只发挥特定功能。几乎所有家具都可以从木匠供应、盖特瑞·韦德、高地木匠等大型供应商那里买到，其中一些也可以在社区的杂货店找到。在这里还提到一些我在工作室里常用的、容易获取的天然物材，比如蜡和胶缝剂。

组建你自己的工作室

如果你是家具涂装方面的新手，你可能会认为做你的手工活需要一个通风的、敞亮的空间，并且需要充足的工具。不是这样的。我一开始从事这一行的时候，甚至都没有一个工作室，我在奔走于客户的时候，只有一个背包。在大多数情况下，我仅用一个罩布就在现场修复珍贵的古董，有时候是在客户的厨房里，但是通常就在家具摆放的位置，比如在一间卧室里。

所以不要害怕：租一个商用的工作室不是一个必要条件，也不一定要有一个专门的房间。在接下来的几页里，我会带你浏览三个普通的摆放工具的地方，向你介绍家具涂装工作所需要的东西，不管你是否能够在车库里腾出一块地方或者仅仅有抽屉可以使用。在每个实例里，核心元素是一致的。你会用到刷子、碎布、钢丝绒、砂纸、剪刀和一些常见的工具，再加上各种阶段的涂装所用到的蜡、油和虫漆。我现在拥有一个500多平方米的工作室，但是我工作室的"内涵"和我刚开始入行的时候是一样的，只是在面积上扩大了。

面积的扩大只是因为每种类型家具的种类和数量增加了。大规模地改造你的工作室是没有必要的。当你进行更大的工程时，你抽屉里摆放的所有东西仍有用武之地。我对工作室的扩张抱有开放的态度：你可以从一个小推车开始，如果你痴迷其中，你会发现你正在将一间客厅变成一间敞亮的工作室。现在你拥有的不是一种颜色，而是三种；不是两种刷子，而是十种。随着你的工具箱越来越满，你的技法也就越来越多，你所实现的涂装效果也就越来越好。

不要成为一个有洁癖的人；摆放东西的时候最好是让那些你通常用到的东西最容易拿到。考虑适当的通风。对于这本书中提到的多数家具和技法，一个敞开的窗户和一个风扇或靠近门的位置就已经足够了。遵循你们国家对化学品的储藏和处理规定。避免在室内储藏化学品，除非在一个专门用于储藏化学品的金属储藏间里。

如果你有一个抽屉

简单、少量地摆放一些高质量工具和家具。

1.各种布料：干酪包布、抹布、棉线和一块除尘布（专门作此用途的布）。

2.橡胶混炼碗：很容易清洗。

3.特殊香皂，用于清洗工具和刷子。

4.塑料布和保鲜袋。

5.丁腈橡胶手套。

6.质量好的剪刀。

7. 蜡：你可以根据需要进行染色。

8.钢丝绒：只有品级最好的家具才能用到。

9.抛光刷。

10.胶刷。

11.润色蜡笔和油墨毡笔。

12.木胶。

13.浅色过滤器。

14.色环。

15.白色和绿色的胶带。

16.贮藏容器。

17.其他工具。

18.小钳子：总是成对购买。

19.小日本锯。

20.四合一的螺丝刀。

21.小锤子。

22.导螺杆。

23.卷尺，包括英制的和公制的。

24.钢尺，选择一个质量好的、重的。

25.一些刷子。

26.一些染料：赭色、棕色、黑色和白色。

27.放在小瓶子里的溶剂和液体。

如果你有一个架子

　　当你的空间扩展以后，抽屉里的东西都可以摆放在架子上；你只需要增加东西，不用替换或更新东西。考虑用一个可以调整的金属架，寿命会长久一些。

1.另外一组钳子，更长一些、更结实一些的钳子。

2.一套金属刮刀、金属棒和金属锥子，用来清洁、雕刻等。

3.另外一个更长、更灵活的日本锯子（用作切割更长的截面和平面切割）。

4.一套精美的凿子（你可以用一辈子）。

5.一个精美的橡胶或木制棒槌。

6.各种形状和样式的刷子——针对任务选用正确的刷子，给它们贴上标签。

7.更多贮藏固体和液体的罐子——你混炼的东西越多，剩的越多。

8.一个精美的短刨，不会占用太多空间，适用于很多任务。

9.一些涂装用料（虫漆、调制的染料，可以随时使用）。

10.海绵砂纸：可以包裹周围的砂纸，也用于清洁。

11.油性着色剂（这里融合了桐油，可以随时使用）。

12.更多的染料选择：油、丙烯酸、干燥的染料。

13.更多颜色的木纹滤镜和蜡。

14.一些在工作室使用的清洁产品。

15.带有长把手的天然鬃硬毛刷和软毛刷。

如果你有一面墙

将储存空间升级为一面墙，会让你能够储藏更多的家具。考虑将它与工作台连在一起。

1.更大的罐子和储藏容器（一次性的罐子、器皿等）。

2.砂纸。

3.白色的纸盘，用于调制颜色。

4.掸子。

5.一卷牛皮纸，用于包装和保护。

6.可叠起堆放的开口收纳箱，用于整齐地储存和移动家具。

7.更多完成任务常用的锯和工具。

8.小的灭火器：安全第一。

9.急救包。

10.纸巾，用于擦除和清洁工具。

11.漂白剂。

12.封闭的收纳箱，前面贴着标签，用于存放小的物件。

13.所有你之前没有地方存放的工具：漏斗、刷握等。

14.文档：书目、文件夹、笔记本、杂志等。

15.用于制作模型的各种各样的小块木材。

16.一大盒棉布。

17.活动梯子。

18.钳子：甚至更大（买两个）。

19.三件主要的涂装物料：油、酒精和水。

20.更多可供选择的钢丝绒。

21.搬家毯和包装材料。

22.货架：用于晒干模型或堆放已经涂装好的家具。

物品分类

氨水：氨水是木材和黄铜的理想清洁剂，也可用于暗化单宁强的木材，如橡树。不过由于氨水会释放毒气，因此应将其置于通风良好的地方。

婴儿油：一种矿物油性质的润滑剂，用于法式抛光。在垫木上滴一滴便可使工具木材表面滑动畅通。

白垩粉：可以用白垩粉作黏合剂或用研磨料制作填缝剂或皮胶油，也可与蜡混合制成铅白。

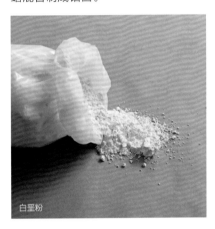

白垩粉

树脂清漆：树脂清漆是历史上清漆的主要类别，常用于高级小提琴上（比如斯特拉迪瓦里小提琴）。柯巴脂是树液石化而成的，露出地面后溶解成树胶精油或干性油。加一茶匙柯巴脂倒到桐油里面可起到增亮或自制抛光效果。

丹麦油：一种桐油、清漆和着色染料的混合物，是21世纪中叶现代设计师最青睐的抛光材料。丹麦油可在商店购买，也可以自制。（方法：桐油和清漆油按9：1混合，详情见第93页。）

变性酒精："变性"代表这种加入了添加剂的酒精不适合食用。这种溶剂

是优质清洁剂：没有侵略性，不会留下残留物，却能清除油脂。木匠用的变性酒精最好到五金店购买。一些商家也会售卖特别干燥的提纯酒精，它可以用来清除木材表面的污迹和油脂残留物，这样就可以使法式抛光漆更加鲜亮。

填料和油灰：它们含有相同的成分（色素、干燥剂、浮石，还有油或水），但成分的浓度不同。填充木材孔需要浓度类似糖浆的材料，但要填充大孔或缺失的部分就需要类似面团的材料。这些填料可在商店购买，也可以自制（见第247页和249页）。

树胶和清漆：这类包括用植物性树液、树胶、达玛树脂、松香、松脂柏脂和柯巴脂制成的传统清漆。该材料根据不同的制法经蒸馏、浸入、溶解或浓缩等方法而成。

盐酸：一种化学染料，可使木材褪色，使其具有做旧效果。腐蚀性很强。

过氧化氢：一种用于漂白木材的漂白溶液，过氧化氢比家用漂白剂有更易使用。售卖时两部分溶液分开，通过混合激活。具体方法见第149页。

亚麻油：通常称为熟亚麻籽油（商店里一般不售卖原亚麻籽油），这种自聚合产品由加热和处理后的亚麻籽油制成。亚麻油作为一种抛光材料和涂料媒介，已有几千年的历史。

石脑油：一种减缓干燥的溶剂，用于延长油基填充剂的保质期。

草酸：草酸是用于漂白木材的传统漂白产品。以粉末状售卖，自行与水混合制成。

油漆稀释剂：请勿将这种为提纯的石油馏分直接用于家具或用作混合溶剂。用它来清洁工具吧。

莫登特

泛指任何通过化学反应给木材固色的液体，如酒精、醋、石灰和草酸。该词源于法语的"mordre"，意为"咬"。它的作用的确如此。在现代化学染料问世之前，大多数莫登特都由树根和昆虫的副产品衍生而来。

石脑油：一种减缓干燥的溶剂，用于延长油基填充剂的保质期。

草酸：草酸是用于漂白木材的传统漂白产品。以粉末状售卖，自行与水混合制成。

油漆稀释剂：请勿将这种为提纯的石油馏分直接用于家具或用作混合溶剂。用它来清洁工具吧。

聚合

这个术语常常可以在干燥油和清漆的标签上看到。自聚合是它自身具有的干燥或结合介质：当清漆等物质暴露在空气中时，其化学结构发生变化，导致分子变大并聚合覆于木材之上。

浮石：由火山石制成，浮石粉有不同的粗度。顶级的四级浮石可作为木纹填充剂或抛光剂，用以法式抛光。浮石可以与油或蜡混合，制成研磨泥浆，可在不刮擦表面的情况下完成抛光。你也可以用它来缓解光泽过强的情况。

纯树胶精油：从活的含树脂质的树（如松树）的树液中蒸馏得到。这种传统的溶剂在高级抛光中随处可见。纯树胶精油可滋养木材、软化蜡，促使蜡渗入木材纤维。可将它与油性产品混合。一定要购买和使用优质树胶精油；如果它的气味不像松树，说明不是纯精油（纯树胶精油通常被称为松节油，但松节油是由化学加工后的石油产品，不可替代纯树胶精油）

擦亮石

擦亮石：擦亮石由露出地面的、腐烂的石灰石制成，这种粉末也称为的黎波里粉，被用作优质研磨料和抛光剂（比浮石更精细）。可干用，也可与油或蜡混合使用。擦亮石非常适合给镀金物件做人造老化，它就像假灰尘。

硬虫漆棒

虫漆：一种原产于亚洲的胶树脂，用食树皮的紫胶虫的排泄物制成。将虫漆片与酒精混合可得一种多功能溶液，有从密封木材到法式抛光等多种用途。更多用法和用途说明请见第85~89页。

桐油：一种来自亚洲油桐树的自聚合油（传说马可波罗把它带回了欧洲）。原来用于给木材做防水，连船舶防水都会用到它。它比亚麻油干燥得更快，而且不会逐年变黄。桐油可渗入木纤维，并形成良好的涂层。更多内容见第93页。

层压板

胶合板：你可以根据修补需要买一些单个独立板，但最好购买一本样册或囊括许多材种的套装.

蜡

蜡：一种常见的多用途产品。可作为抛光材料或黏合材料，创造装饰效果。请参阅第79~83页关于媒介及其应用的完整概述，第240页介绍了如何自己制作的家具蜡。

白醋：一种极易获取的无烟清洁剂，对消毒抽屉和柜子及中和木材漂白酸（如双氧水、盐酸、其他化学品和腐蚀性工序）有良好效果。配制水基染料时，在搅拌染料前向水中加入浓度为10%的白醋，有助于给木材固色。

工具分类

夹子

夹子：在工作室里配备一套尺寸不同的夹子，你会发现它们有多实用。买塑料材质的夹子，以免损坏木材表面。为了保护木材，最好在木材上捆一块纸板。黏合家具力道要轻，但要夹稳，不要使蛮力挤进去，否则会把胶水全挤出来。要相信黏合剂的作用。即使胶水没用也不要紧，皮胶是可以去除的，把"伤口"擦拭一下，嵌入木楔或结构杆再试一次。

刨子

刨子：刨子有几十种大小和类别，每种都有独特用途。我不希望你摆弄无数的刨子，我推荐买一个优质短刨，因为它中小尺寸，轻便，易单手操作。一个好的刨子可以使用几十年。去一家可信的店铺，买一个价格在100~300美元之间的刨子。你可以向供货商或专业人员咨询，说明你的需求，询问哪种最适合你。他们会为你挑选一种最安全、功能最多、最实用的工具。用刨子修理开不动的门或抽屉、磨平粗糙面很方便，还可以清除木刺、修理接头和边缘。你一定会用上瘾的。

橡胶锤

橡胶锤：必需品。用锤子来敲钉子，其他就一切就交给使用橡胶锤（或木锤）：拆卸、解开接头、移动元件等。为了保护木材，敲打前仕木材上放置一块织物。动作始终要保持轻柔，如果敲不开，那就说明方法不对。尝试另一种方法吧。

搅拌器

搅拌器：考虑其主要用途，我们应首选木制或塑料搅拌器。金属材质会与许多家具发生反应，应避免使用。我最喜欢的工具有传统油漆搅拌器中、咖啡搅拌器、压舌板、塑料勺子、塑料叉子（叉子分离混杂结块时特别好用）和筷子。

胶带：不能因为它表面有黏性，你就到处使用，胶带通常会给木材造成损害。然而它的确是修整表面不可或缺的工具，例如，我们可以用胶带保护硬件。最安全的胶带是工艺品商店出售的绿色胶带或其他类似的低黏性胶带；可以考虑重金购买博物馆级品质的包装产品。粘好后用指甲轻压边缘以确保黏合良好，防止产品从下面渗出。若要移除胶带，动作要轻缓，保持45°角（无论是水平还是垂直）。以下是一些建议和禁忌。

包装胶带仅可用于包装，不可直接接触物件。

白色胶带仅用于粗加工：未完工部件、家具的底部、贴标签。不要把这类胶带贴在已完工的木制品或皮革上，但可以贴在石头和金属上。

对于其大多数用途来说，蓝色胶带没有风险，但最好先在不显眼的地方试用一下。它适合未抛光的表面。每天或每次作业后一定要移除胶带，若有必要的话，在下一道工序开始前重新粘贴。即使标签上写着可以放置4~7天，也绝

对不可让木材贴着胶带过夜。

胶带加点纸和胶带应仅用于将物体固定到合适的位置，例如维修工作中不能用夹子的地方。它黏合力强，但用温热的湿抹布即可清除。

贴面胶带是一种有专门用途的胶带，用于固定干燥的饰板补丁。用温暖潮湿的布轻拍后可去除。

木匠凿：如果一个工匠要逃离火灾现场，而他只能带走一套工具，那非凿子莫属。部分原因是一套好木匠凿价格昂贵（这一点毫无疑问），另一部分是因为这些凿子的保养非常耗时。木匠凿有很多的形状和规格，用作刻、雕、刨、整形、细化等不同目的，且不会损坏木头。优质木匠凿的标志是手感好，刀尖锋利。

胶合板锯：掌握控制胶合板锯需要经过练习。胶合板锯能均匀缓慢切割饰板，它不会发生像刀片或美工刀因操作者速度过快而失控的状况。

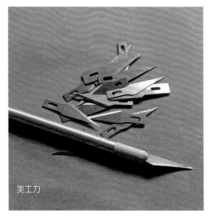

美工刀

美工刀：美工刀是一种多功能的精密工具。可用它来切割饰板、从成品上移除不匹配的部件，或从细木匠上刮掉旧胶渣。要通常更换刀片，但可将旧刀片保存下来做粗加工。

织物和碎布

亚麻

粗麻布、黄麻布和亚麻布：这些粗糙织物能够很好地去除结块污垢和多余填料。（麻布和黄麻常用于包装土豆和食品，留下来用作木匠材料吧。）画家的画布废料有相同的功用。它们还能在不刮擦金箔的同时为其做旧。

黏性抹布

干酪包布：可用松织或密织的干酪包布做法式抛光垫的填充料。工作室的其他地方也用得上它。

棉碎布：棉碎布可以说是物尽其用了，我的购物袋就是用一块块棉碎布拼成的。纯棉T恤或棉袜千万别扔掉，剪下碎布，洗涤几遍把棉绒洗掉；整理平整，别揉成球，以使其均匀分散。

法式抛光垫

法式抛光垫：做法式抛光需要一块特殊垫子，用亚麻布或棉布包裹吸收性填料（一般使用干酪包布）制成。请参阅第250页的制作方法。

好用的除尘布

黏性擦布：一种无绒干酪布垫，外层是用树脂化合物制成的轻黏度材料。可用于清除灰尘、打磨碎片、最终清洁或美化木材抛光面。

羊毛毡

羊毛和毛毡：两种材料都非常适合用作抛光蜡。优质的粗花呢面料能打磨出璀璨的光芒。旧毛衣里的羊毛也可以，但新毛衣的不行，使用毛毡前一定要清洗。毛毡若沾满干蜡，就应该弃用。

容器

从你开始用心保养家具、投入木匠开始，你就会慢慢积攒起大量的木质部件、敞口容器、定制混合物、旧螺丝钉、钉子、小工具等物件。染料和抛光剂应装进不透光的容器内避光保存，其他东西都可整理到透明容器内。一定要给每个容器都贴上标签，写明装入的家具、日期及用途，别高估自己的记忆力（相信我的话）。你一定会惊异于我的文件和档案量之大。常常有客户在购买产品数年之后来问我是否能配一件他们的成品或丢失的硬件，我每次都十分骄傲地给他们肯定的回答。

容器也可用来存放混合染料、填充物和其他物品。不过你没必要购买专门购买容器，完全可以二次利用家用容器。带有刻度的容器会对工作很有帮助，下面这些就很棒。

玻璃罐

各种尺寸的玻璃容器：我最喜欢用玻璃容器工作。我有这种感觉：它比塑料更坚硬、更重、更加坚固和更易于保持形状（但他们也更易碎）。让你的旧果酱瓶和水杯在工作室里重获新生吧。

有刻度的塑料容器

塑料容器：熟食店和外卖店送的有刻度的塑料容器食品容器我都会留下来。它有耐化学试剂作用（特别是漆稀释剂），使用后可以丢弃。

塑料挤压容器：我爱它们。它们的容积大小不一。小瓶子更容易使用，如果堵塞，可以直接丢弃，而大尺寸的更适合存放家具。

密封的塑料袋：存储硬件和小零件的理想家具。

锡罐、锡罐、罐盖：我特别喜欢回收金枪鱼罐头，它体积小，耐化学物。宽口浅底，非常适合在里面混合少量产品。它们也易于携带，不会发生泄漏。

胶

皮胶：颗粒和混合物

白胶、木胶和商用皮胶

兔皮胶：又称皮胶、动物胶。传统上的家具黏合剂由等兔皮、鱼骨动物副产品制作。这些天然的成分有弹性，能够随木头胀缩而移动。皮胶可以去掉，用变性溶解酒精即可将其溶解，因而成为理想的修复品。而且，只要用吹风机加温、增湿就可以使干燥的黏合剂恢复活性。

兔皮胶以颗粒状售卖，购买后需要自行按四分之一杯兔皮胶和三分之二杯水的比例进行混合。将硬胶颗粒泡水十分钟软化成凝胶状，然后放入双层锅中使其溶成糖浆状的浓度。将其存放在高度密封罐内，若有需要可再次加温，如果黏度太大，可加水稀释。只能保存一周，超过一周就要将它丢到垃圾桶里（不能扔进水池）。

木胶、白胶：除了用于顶级古董，木胶、白胶是可以接受的。有趣的是，过去连埃尔默白胶都是用皮胶做的，这些胶水可以用白醋（含乙酸）溶解。

金箔和工具

即使你还不算修整爱好者，本书提及的大多数技巧所需的工具和材料可能你已经拥有了：亚麻油、砂纸、塑料刮刀、旧棉T恤等。但制金箔是种专业技术，其中涉及的一系列工具和配料只有镀金工人才有。

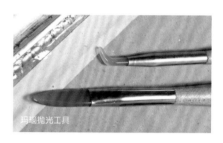

玛瑙抛光工具

玛瑙抛光工具：曾用于给黄金箔抛光出高光泽度，后来出现了千变万化的干燥的玛瑙抛光工具，用于匹配不同的细节处和缝隙。专业的镀金工人会在工作室里配备各种类型的抛光工具，但你只需三样就足够了：一个尖的、一个平的和一个弯曲的。

雕刻工具

雕刻工具：它们的每个侧面都有用处，用来雕刻石膏、重塑现有的模型和雕刻品。

麂皮垫：在用金箔之前，镀金工人把它放在垫子上，有时还要把垫子的三面都围上，以防轻微气流的影响。垫子由麂皮制成，它的粗度足以固定住金箔，平顺度也足以使金箔滑出。专业的镀金工人通常一次性在垫子上放置多个金箔片，但我建议你每次放置一片。

黏土泥：黏土泥通常在流体涂金法中给石膏做二层底漆，非常顺滑，能促进后续抛光。它由亚美尼亚黏土、黏合剂、兔皮胶和水混合经典的红、黄、蓝、黑或绿色染料而成。我也将它作为定制漆器的彩色底漆。更多详情请阅第99页。

石膏粉：一种特殊石膏，用于给木材烫金和装饰画制备涂层。石膏涂层坚硬、无瑕、平整（也曾被用于18世纪英国雕花家具）。专业的镀金工人坚持自己制作石膏粉，将粉笔、水、和兔皮胶按工艺品需要按不同比例混合。如今，镀金或艺术品商店售卖的现成石膏足以满足人们各种使用需求。

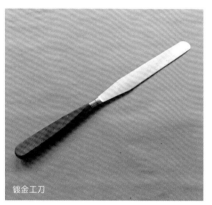

镀金工刀

镀金工刀：它是一种形似黄油刀铲状的工具，使用其平坦的一侧将金箔移至垫子上。可以用刀刃把金箔切成更小的正方形。

90%的乙醇：镀金时一般使用精制90%的乙醇，而非药店或五金店出售的酒精（在必要时你也可以使用40°伏特加，不过要用双倍剂量）。

施胶：施胶是烫金时粘金箔的胶水。最初使用的是亚麻籽油，因而有了油面涂金法这一方法。但现在大多使用快干的丙烯酸（对于天花板这样的大型工程，施胶要保持24小时以上）。由于施胶层处于金箔和木材之间，因此不能像水烫金法在那样最后阶段抛光，但可以在顶层上蜡、做绿绣光泽。

松鼠毛刷和鹿皮垫

松鼠毛或獾毛刷：千万不要用手指碰金箔，要使用宽扁形纸柄松鼠毛或獾毛刷。使用技巧：用它抚额头，让鬃毛足够油润能黏住金箔片，也可以在手背点涂一些凡士林油，再拿刷子轻轻掠过手背。其他常规美工刷可以帮助金箔固定、移动。

染料

你需要准备以下颜色：黑、白、土黄、赭色、棕色、红棕色。购买任何形式的染料都可以，但一定要统一（油、水或丙烯酸），这样你就可以混合调配特定色调。

粉状颜料

艺术色彩：有油和丙烯酸版本。将粉状颜料与亚麻籽油混合可以得到一种慢干染料（加几滴日本干燥剂就可确保染料及时变干，但加量不要超过10%）。完美的配色和工艺需要你进行润色和细节修饰。水基丙烯酸能够使颜料快速固定、快速干燥，非常适合后续需要上蜡或上油的点涂画法。

日式色彩：这些色彩可根据需要在亚麻籽油、纯树胶精油中加以稀释，是上釉、染色的绝佳材料。它的成分中含有染料、亚麻籽油和干燥剂（主要指日本干燥剂）。将上述原料混合后存放在铁罐里，每次使用后在上层滴几滴树胶精油。

日本干燥剂：用于油饰面和油画。这种干燥剂（又名干料）之所以如此命名，是因为它被曾用来修补仿涂漆或东方漆器工艺品的光泽漆面。

通用色彩：这些浓缩染料有很多版本。一定要使用与你的介质相容的种类，且其中有些只能溶于丙烯酸。这些染料质量尚可，应留作大面积作画使用（宽铅粉面、上釉），并作为稳定参照。

保护装置

保护装置

防毒面具（呼吸器）：只要使用散发烟雾的家具，就要戴上防毒面具。安全第一。

围裙：系上一条围裙（不过衣服终究是会弄脏的）。

防尘面具：打磨和使用钢丝绒时要佩戴它，使用漂白过的木材时尤其需要。防尘面具（还有护目镜和手套）戴起来可能麻烦，但一旦你习惯了就是工作中不可或缺的物品了。

手套：多准备一些一次性橡胶手套和加强腈手套。脱模时必须戴耐化学品手套。

护目镜：这是我的常用家具。我把它们放在一瓶隐形眼镜护理液旁边：万一有毒溶液或微粒溅入眼睛，赶紧挤压瓶子冲洗。

柑橘肥皂和护手霜：用天然肥皂洗手。必要时用含有浮石的产品擦洗，如柑橘肥皂。如果一些污渍残留在你的手上或皮肤上，用酒精擦拭皮肤几秒钟，化学品会渗入皮肤。然后用水和肥皂再洗一遍。处理完成后涂抹手霜或润肤霜。

刮刀

金属刮刀：只能由专业人员使用，需要进行精细处理、磨尖并进行正确操作，以免损坏木材。商店出售不同厚度的套装。

金属抹刀：像电动工具一样有致命危险。要谨慎使用：锋利的边缘可能损坏松动的木纤维。最好由专业人员操作。

旧信用卡：我最喜欢的非过期星巴克卡莫属，可以把它当塑料刮刀那样使用。它们重量轻、多功能，而且圆角不会划伤木材表面。对于有大量的雕刻和细节的家具来说，这种卡再适用不过了：把卡剪成匹配你手头物件的形状。

刀片：刀片是抹平饰板的绝佳工具，但不可用砂纸打磨。它还可用来剔除原木上的小斑点或污渍。但操作时要防止被利刃划伤。

洗涤器和刷子

胶刷

粗发胶刷：它的厚塑料纤维滴在家具上的胶水正好适量。刷子是一次性的，所以不要重复使用。

天然毛刷：无论是漆刷还是顶级画刷，这些天然猪鬃工具蘸取酒精或油基产品再好不过了。使用后用油馏出物或柑橘油小心清洗，然后用温水浸泡和肥皂清洗。冲洗好后用手指给毛重塑形，然后头朝下使其干燥。

塑料刷：随手可及的牙刷和盘子刷都可以用来脱蜡。但要小心：塑料纤维会划伤木材。

砂纸和打磨海绵：更多关于其使用和应用的内容（包括如何折叠砂纸和选择适当的砂砾）请阅读第116页。

塑料刮刀

塑料刮刀：塑料刮刀便宜、安全、一次性、功能多样、用途广泛。多准备几种备用，要有软刀也要有硬。

刷子

高价购买优质刷子，尽管这是在纵容自己花钱，但这种刷子很实用，它将会为你节约时间，显著提升工作的艺术性。留心逛逛艺术品商店的折扣货架，问问那里的店员店里有没有定期大减价活动，有没有尾单库存商品。千万不要从超市或便利店买一些廉价的刷子，这些刷子掉毛比你们家的猫掉毛都严重。

劣质刷子通常用的是家猪或野猪的鬃毛，优质刷子用的是獾毛或松鼠毛。判断刷子质量好坏的方法是：不蘸水，直接用刷子在平面上刷一刷。如果刷子的毛没有大面积散开，并且把刷子拿起来后它能恢复原状，就是优质刷子。

第一次使用刷子之前，要将其放入亚麻籽油（动物毛制成的刷子）或水（人造毛制成的刷子）中浸泡24个小时，这样可以对刷子的毛进行护理。然后，在温肥皂水中仔细清洗刷子，并理顺刷子的毛。

每次使用刷子之前，先蘸一点松节油（如果使用刷子刷油），蘸一点乙醇（如果使用刷子刷虫漆），蘸水（如果使用刷子刷乙烯酸），再轻拍刷子，使之变干燥。

使用完刷子后，先用适当的溶液清洗刷子，再用温肥皂水清洗。最后，将刷子头朝下晾干。

按照以上步骤进行操作，可以保证刷子能使用较长时间，刷子也会越用越顺手。一旦刷子用旧了，不能再用于之前的用途，这时你可以用这把刷子做一些不那么精密的工作，比如说，大扫除的时候可以用到它。

合成猪鬃刷：大尺寸的合成猪鬃刷是蘸取剥离剂、漂白剂等腐蚀性化学品的理想工具。涂刷水基染料和产品时，要使用合成猪鬃刷，因为它们和水不相融，会沉淀下来。

壁纸刷：上蜡后的首次抛光我会用一只细长的优质天然猪鬃刷（刷头太长的话，要进行修剪，2~5厘米最理想），它能清理角落和凹槽里多余的蜡，使表面坚硬。之后用羊毛或毛毡进行擦拭以增加光泽。

"随便什么"刷：无论是旧的、用过的、半结块的，还是毛快掉光了的刷子等等，都能用作清洁工具，还能创造装饰效果。扔掉它们之前再赋予它们最后一次使命吧，然后怀着感恩之心扔掉。

钢丝刷：除了能开木纹或制造风化等特殊装饰效果，它们在精细整修中没有其他的作用。有些工匠喜欢铜丝，因为铜丝刷不会在木头上留下铁锈颗粒。

肥皂

条皂：用于润滑卡住的抽屉滑轨，效果绝佳。任选一款条皂即可，但最好选用天然条皂。

橄榄香皂和马赛皂：在使用任何化学合成品去除污渍之前，可以先试试橄榄香皂或马赛皂。这两款纯天然香皂由橄榄油、海盐水、纯碱、碱液制成，非常环保。你可放心用其他清洁家具清洁家里的任何家具。我的祖母就是马赛人，她曾用马赛皂洗澡、洗头发、刷盘子、刷地板、擦家具，而我的祖父总是偷偷用马赛皂擦洗他那辆宝贝标致车。

钢丝绒

钢丝绒用来清洁木材表面的污垢、帮助剥离、创建特殊装饰效果、摩擦表面进行做旧、重新制造被釉覆盖的木纹等。但使用时要细致，否则会划伤木材。它将凹槽中的木纤维除去以突显木材的纹路、给表面打磨，因此不适合在木材染色前使用。它不能使木材平滑：很多人以为砂纸和钢丝绒用途一样，其实不然。

钢丝绒有不同的粗度，1级（中）到4级钢丝绒（极粗）只能用于原木物件的粗剥离或制造特殊效果；而0级（中细）到0000级（最优）可用于清除底漆层之间的杂志、清灰或处理污渍。但钢丝纤维若残留在家具上会造成腐蚀，因此用钢丝绒擦过之后要用酒精湿布擦拭。

钢丝绒等级

等级	产品说明	用途
0000	最优等	用于抛光或清洁，可用于打磨有轻微磨损的涂层。最后一次无划痕打磨时，可以加入适量蜡或油。如果是清除钢材上的轻微锈迹（包括旧机器或旧锁上的锈迹），要蘸一些涂料稀释剂
000	较优等	你仍可以将其用于抛光，但只能用于涂油抛光或上蜡抛光；不要在这种钢丝绒上涂优质上光剂并用于光滑的表面。可以用一根牙签代替棉签，清除木头或皮革上的多处污渍，注意动作一定要细致
00	优等	用于涂层之间"切割"，为了让涂层间变平滑，有时候需要对轻微划痕进行打磨。这会使涂层与涂层之间更为贴合。还要蘸取适量乙醇，用于除去虫漆层，或涂上适量松节油，来除去蜡涂饰剂，同样要注意，动作需细致
0	中细等	禁止将其他用于精巧的木制品。可用于清除疏松锈层（首先要蘸煤油或石油），但只能用于生锈的部位。抛光处理时如果想人为制造老旧的效果，也可以用这种钢丝球
1	中等	用于古董、绿绣及一些特殊老化效果。可涂上油漆清除剂或清漆清除剂，用于清除大块污渍，但手法要轻巧
2	中粗等	从该等级开始的钢丝球，不能用于清洁优质家具，否则在进行抛光处理后，家具表面会有磨损
3	粗等	蘸适量油性釉料，再放到木制品表面，会产生多斑点的效果
4	极粗等	可代替钢丝球或与钢丝刷搭配使用，用于弄碎碳酸铅颗粒。在用这种钢丝球对硬木进行抛光处理时，同样会出现磨损效果

配方

接下来我会介绍几个传统配方，这些配方都久经考验。在不同情境下，你可以选用相应的配方，希望这些配方能让你心甘情愿地护理家具，并在护理家具的过程中（从一开始的清洁和准备工作到涂装和保养阶段）感到轻松、愉快。

Old Varnish Recipe

- Grind DAMAR crystals
  into a fine powder

- Mix with pure gum Turpentine
  or oil of Turpentine

- adjust Thickness to your purpose

制作专属你的

我最钟爱的介质——蜂蜡，它是一种固体物质，使用时需与黏性松节油混合，利用松节油的溶解功能，可溶化蜂蜡。在该混合物中加入易碎的巴西棕榈蜡，可增强混合物的粒度与光泽度。这一组合是最理想的上光剂：蜂蜡有助于保养木制品，使其保持一定的湿度，并使其整体的颜色更为柔和，而巴西棕榈蜡则会深化其色泽，同时对木制品起到保护作用。

白色天然蜡球

巴西棕榈硬蜡薄片

纯天然蜂蜡块

黄色蜂蜡蜡球

蜡的种类

蜂蜡：市面上有两种规格的蜂蜡，一种是条状，重量约为0.454千克，在熔化之前需要弄碎；另一种是球状，相较于条状蜂蜡更易称重，更易溶解。有两种颜色的蜂蜡供你选择：黄色蜂蜡直接从蜂房中获取，不掺任何杂质；白色蜂蜡经漂白处理，将它用于抛光处理会使物体表面呈透明状，不掺杂一丝黄色，非常适合轻质木材、金属、石头或白色大理石。

巴西棕榈蜡：源于巴西本土热带植物。巴西棕榈蜡通常用于给汽车上光，增加车身表面的光泽与粒度。其缺点是易碎，使用时需要小心。同样，巴西棕榈蜡熔化也需要较长时间，这里，它只用来增加蜂蜡的强度。

溶剂

脂松节油：我精心挑选的溶剂是脂松节油，取材于水晶兰。这种溶剂比常规的松节油黏一些，它变硬后会与木制品融为一体，粘得更为牢固。水晶兰的汁液可使脂松节油像橡胶一样具有弹性，它可随木制品形状的变化而膨胀或收缩，同时可以保养木制品。

蜜蜂

你需要的材料

- 113克巴西棕榈蜡
- 456克蜂蜡
- 946毫升脂松节油

* 如果你需要用的量很少,可以用每117毫升蜂蜡混合2汤匙巴西棕榈蜡,加入过量的硬蜡会导致混合物粒度过大。

1.熔化巴西棕榈蜡。选用火炉或电炉,使用小火,把巴西棕榈硬蜡放在双层蒸锅中熔化(如图所示,这里我以专业的插入式蒸锅为例),这就像你用文火煲汤一样。先熔化硬蜡的原因是硬蜡熔化需要花费较长时间,这同样有助于调节蜂蜡的温度。

2.加入蜂蜡。巴西棕榈硬蜡完全熔化后加入蜂蜡,一直加热直到蜡开始软化,然后就不再继续了。避免加热蜡或是燃烧蜡,保持小火(不要超过180℃)。

3.边加入松节油边搅拌。两种蜡都熔化后,立即关火,加入松节油,并在加的过程中搅拌。如果你想使用增强剂(见反面),可以在这一步骤中加进去。

4.将混合物倒入容器中。用一个浅的宽口马口铁器皿或宽口玻璃容器盛糊状混合蜡,这样用软布擦除残余蜡渍时更容易一些;最好选用马口铁广口瓶瓶盖。禁止使用塑料容器,因为塑料可能会与松节油反应,降低混合蜡的温度。应在室温下而不是放到冰箱里使混合蜡慢慢冷却凝固,不要将其放入冰箱冷却。

5.大功告成。你会得到大量蜂蜜色的糊状物。

6.贮存。如果贮存方式恰当,蜡可以保存很多年不变质;注意拧紧容器的盖子。马口铁能阻隔光线,防止干燥,因此马口铁是贮存蜡的优秀容器。如果你近期不使用这种混合蜡,密封之前可以加入半茶匙的松节油。

给蜡上色

使用可溶于油的染料或是通用染料（可与油混合，但不可与乙烯酸混合）。第一次给这些混合蜡上色时，先加入大量松节油，再加入染料，并将其与少量染料的溶剂混合。混合物冷却下来后，颜色会变浅。因此牢记在混合物冷却下来后再进行验收校准。如果你想将蜡染成深色，需要多加染料。

变体

加的溶剂越多，蜡就会越软，同时光泽越淡。通常，我会加入最少的溶剂，以使蜡具有延展性。但是，从事修复工作的专业人员常常将不同黏稠度的蜡混合，满足不同用途。下面几种情况，分别是加入不同数量的松节油后所产生的结果。

松节油越少，蜡越硬。这种比例的松节油适用于小件家具，也可用于你第一次抛光家具时，或者是你想尽力让它看起来有一种硬质的光泽。但你要注意，这样会使你比较辛苦。

多加一点松节油，糊状蜡主体更坚固。这种蜡更易扩散，蜡层更平滑。可用于桌面、地板、细木护壁板这样较大的平面。这种蜡更软，很容易和颜色混合，因此非常适合上色后用于制作铜绿或釉，如果使用硬蜡的话会产生条纹。

加入大量松节油，糊状蜡非常软。法语中称这种蜡为蜡光剂（encaustique）。可用这种蜡保养蜡，也就是说，在原来的蜡层上再涂蜡。这种黏稠度的蜡最适合上色，上色后的蜡颜色较深，色彩丰富，易于扩散，可以完全覆盖在木制品上。另外，这

种黏稠度的蜡非常适合用于将干缩表面变得滋润、平滑，给新的木质地板进行第一次抛光，或给大面积的细木护壁板抛光。

添加物

在最初的熔化阶段，你可以加入多种增强剂。但更好的方法是，先制作一批新的混合蜡，再将它放入双层蒸锅中，重新加热一会儿，并加入增强剂，边加边搅拌。

加入4F浮石可得到上好的研磨膏，非常适合用来修复刮痕、斑点，或去除因湿气产生的吓人的白色环状物。

还可以制作带香味的混合蜡，只需加入几滴精油。第一次制作带香味的混合蜡时，在将蜡与松节油混合后立刻加入精油，再等待混合物冷却下来。禁止加热精油。

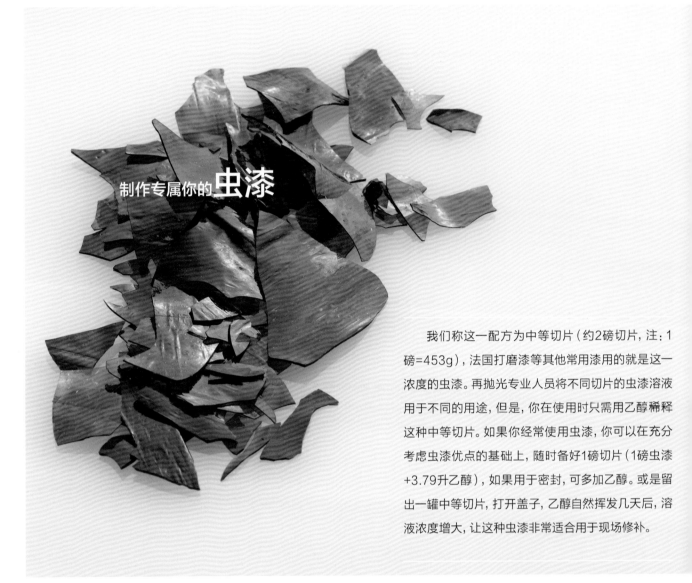

制作专属你的**虫漆**

我们称这一配方为中等切片（约2磅切片，注：1磅=453g），法国打磨漆等其他常用漆用的就是这一浓度的虫漆。再抛光专业人员将不同切片的虫漆溶液用于不同的用途，但是，你在使用时只需用乙醇稀释这种中等切片。如果你经常使用虫漆，你可以在充分考虑虫漆优点的基础上，随时备好1磅切片（1磅虫漆+3.79升乙醇），如果用于密封，可多加乙醇。或是留出一罐中等切片，打开盖子，乙醇自然挥发几天后，溶液浓度增大，让这种虫漆非常适合用于现场修补。

虫漆有三种颜色

红宝石色（或石榴红）的虫漆可以使木制品看起来颜色鲜艳，有一种纵深感。抛光古物多使用这种颜色的虫漆。

琥珀色虫漆，颜色偏橘黄色，我本人并不喜欢这种颜色。在使用深色漆或油抛光之前，可用这种颜色的虫漆密封木制品，以防止油或漆在渗透时产生木材结子，也可将其用于家具的靠背或是抽屉内部。

金黄色虫漆，经漂白后呈浅黄色；漂白工序导致其保质期仅为短短几个月。如果你想进行无色抛光，可以选择这种虫漆。

你需要的材料

- 1升加仑纯变性乙醇（俄罗斯人用的是伏特加，我真的不是在开玩笑。也可根据个人喜好选择法国打磨漆，只是这种漆价格昂贵）。
- 1磅克虫漆薄片
- 容量为1加仑的广口瓶
- 一个木质搅拌器或塑料搅拌器
- 一块粗棉布（非必选）

1.把乙醇全部倒入广口玻璃瓶中。

2.把虫漆薄片倒入乙醇中。不要改变这些步骤的顺序。将薄片全部浸泡在乙醇中，这样薄片才不会聚集成块。

3.使用一个木质搅拌器或塑料搅拌器。如果你使用质量好的搅拌器，这些薄片就会自行溶解，不会聚集成块。

4.每隔几个小时，轻轻摇晃溶液，或搅拌溶液。要将其放置一晚才能使用。你可以用一块粗棉布过滤溶液，以除去薄片中掺的杂质，尽管我几乎从未过滤它。

5.使用前先检查。成品溶液看起来应该类似色浅但黏稠的糖浆。

6.贮存。如果将合成的虫漆溶液贮存于阴暗处，它能保持几个月不过期。当虫漆不再干燥，且变得胶黏时，就表明它已经过期，特别是保质期短的金黄色虫漆，通常会出现这种情况。（不要被过期的虫漆吓到：你可以重新调配虫漆溶液，在使用新制成的虫漆混合物时清除过期的流体状虫漆。）

制作专属你的**填料**

填充目的多种多样：填充木纹使其抛光变平滑，为了修补小洞或修补裂纹，为了补上丢失了的原件或损坏的原件。略微调整水、乙醇、油的比例，调配不同黏稠度的混合物，即可满足以上这几种需求。实际上，并没有一成不变的配方；取用的量也不需要完全精确，大致精确即可。如果你感觉混合物过湿，可以多加锯屑。如果感觉过干，可以多加一点水。警告：一旦填充物开始下沉，立即停止使用。扔掉开始下沉的填充物，使用新的填充物，或是调配新的填充物。同样，不要费心贮存自制的填充物，可以每次都调配新的填充物。（然而，工厂生产的填充物保质期更长，如果把使用过的填充物放到容器中，加入几滴介质，不管是油、水，还是乙醇，只要与原来的浓度一致即可，就可以延长保质期。）

你需要的材料

- 能盖紧盖子的玻璃罐
- 木质或塑料的搅拌器
- 桐油
- 石脑油

- 优质船用油清漆
- 擦亮石或4F浮石

油基颗粒填料

1.混合填料。在容器中，将桐油、石脑油和清漆均匀混合，以制成均匀细腻的浆料。下文会有关于如何调整黏稠度的指导。

2.加入约1/4茶匙的擦亮石或浮石。使用足够的擦亮石或浮石，以使填料的稠度达到浓稠枫糖浆的稠度。我喜欢使用擦亮石，它会使混合物的颜色变深，与颗粒彻底融合。

3.保质期。如果将填料储存在带有紧密盖子的罐子中，该产品可以保存数月之久。在每次使用过后，将几滴石脑油加入溶液的顶部，但不要搅拌使之混合，然后将其储存起来，石脑油将增加产品的不封冻时间，有助于保护产品。（提示：这个小窍门适用于任何油性产品，包括油漆。）

"填料"这一术语包括三种不同黏稠度的产品。可以根据你的需要调整上述配方。

液态的 ⟵─────────────────────────⟶ 浓稠的

用于灌浆

工业用油基颗粒填料毒性可能较高，并不适合于周期性的整修。所以我更喜欢自己制作。而水基填料（详见下一面）虽然是无烟且无毒的，但只能用于小面积，因为它干燥得太快，不能提供足够的施工时间。按照上文的步骤所做的油基填料，有较长的使用和保存寿命。

用于修补

要填充孔隙和裂缝，需要如同生面团一般的浓稠度。你可以将上述颗粒填料配方调整为奶油干酪般的浓稠度；也可以加入更多胶水，创造出更具适应性的产品。但是我通常使用优质的工业用酒精和水基木材填料：它们干燥速度快，清洁力强，并且上色力也强。

用于重建

要重建缺失的部分，或者填充孔隙和裂缝，你需要的油灰般黏稠度的产品。使用下一页所述的水基木屑填塞方法，但使用约一半量的胶水，制作出可以根据需要成型的较厚糊料，并填塞到裂缝或孔隙中。不要让手直接触碰有毒物质。如果你使用安全的胶水，你的孩子也可以参与其中。

- 细锯屑，你可以在工艺品店买到，或者利用当地木匠手中的废物，他一定会很高兴你帮他解决难题的。
- 用于搅拌混合的平刀或刮刀
- 棉布
- 木匠胶，类似爱默斯的白胶也是可以的

水基油灰填料

1.制作糊状物。混合1茶匙的锯末和2茶匙的水，制作一团生面团般的糊状物。（请注意，此处给出的量是估算值，请一定要添加足够的水，并充分浸透锯末以确保糊状物中没有任何干块。）

2.减少水分。把糊状物放在棉布的中心处，仔细地用棉布包裹着挤出尽可能多的水分，直到锯末几乎变干，再将锯末放回混合容器。

3.加胶。加入少许白色胶水，约1/4茶匙的量。因为之前锯末被浸湿过，这样可以防止结块，完美的如生面团一般浓稠的糊状物就做成了。

4.根据需要使用。使用时要小心，因为水基油灰填料与油基填料相比，干起来要快很多。

填料小贴士

有些人会建议在填塞孔隙或隙缝之前先将木材染色，这样比较容易；另一些人则推荐在填塞孔隙或隙缝之后再染色，以便更准确地着色。我建议在填塞孔隙或隙缝之前先染色，之后做适当的打磨，如果仍有需要，再重新调整染色。

所有的填料都会略有收缩、变小。所以先使用少量填料，这将让它有机会更好地黏合、变干，然后根据需要再加量。

尽可能在磨光、磨砂步骤之前填充孔隙或隙缝。这将使表面更平坦，不必再次磨砂。

使用蘸有填料溶剂的布清洁多余的填料。若没有清洁多余填料就进行打磨，填料溢出孔隙或缝隙并变干，染剂在该处变得不同，而产生色晕。

避免打磨过度使表面产生凹陷。你不会马上发现，但最终成品表面会很明显。为了避免这个问题，不要使用太多的填料，否则你将不得不去除多余的填料，并且当产品仍然湿润时，可以等待一些时间，当填料将干未干时，在孔隙或隙缝周围仔细清洁。然后轻轻地对整块木头进行打磨，而不是只针对填料覆盖的区域打磨。

最后，在刚被打磨的填料上进行染色会更好、更均匀。避免在染色前等待太长时间。

制作专属你的 **法式抛光垫**

制作法式抛光剂需要一种特殊的垫子，以棉布或亚麻布为外层，包裹在内层的吸收填料（通常是干酪包布）上。

抛光垫应该比你的拳头略小一些，这样的大小使你拥有最好的控制力。你可以将虫漆清漆加入垫片的内部填料中，这有助于将其均匀分散到外部织物层，从而将其应用于家具上。

你需要的材料

■ 外层布（亚麻或棉布）
■ 填料（吸油绳、羊毛或干酪包布）

可以选择以下填料。

干酪包布：这是三种填料中最便宜的，也是最容易获得的。松散而轻薄的干酪布包更好，因为它在被打碎时可以做成蓬松的一团。

吸油绳：由松散的棉花制成，同类棉花可以编成烛芯。吸油绳吸收力良好，并能均匀释放。你可以在木匠专卖店买到。

羊毛：理想的羊毛是从已经穿过和洗涤过的毛衣上拆下的，毛衣越旧（被穿戴和洗涤的次数越多）越好。不要使用全新的羊毛。

1.从外层开始。在桌上平放一块8平方英尺的亚麻布或棉布。如果你愿意，你可以使用更大的矩形织物，并折叠一半得到两层。

2.将填料放在顶部。将你选择的填料（这里以干酪包布为例）捣碎成一个软球放在外层布料上面。许多抛光师有他们独特的手法，但无须痴迷于技术，因为你会通常重新打开抛光垫，将它重新装满。

3.折叠并系紧。将方形布料的四个角折叠到填料上，扭曲，并用橡皮筋系紧，以制作出一个小小的隆起形状。或者先折叠两个相对的角落，然后把另外两角折在一起，最后将它们绑在一起。确保抛光垫的表面光滑平整，没有折线或折痕。将抛光垫压在手掌或手背上，使之更平整。

要进行法式抛光，你将至少使用三种抛光垫。

在开始时，使用粗麻布抛光垫将浮石打磨入木材。你所需要的亚麻织物是有些粗糙的、坚韧的，类似帆布的材质。

使用一块或两块棉质抛光垫完成抛光。可以用精细的纯棉布制作的白色T恤为原料，最好是已经被穿着并洗涤了许多次的，这样的棉布是柔软的，没有棉绒。

最后，使用一块全新的棉质抛光垫来"打亮"，即去除润滑油，使新鲜抛光的木材更干燥，并赋予其清爽的光泽。你应该使用一块全新的、干净的抛光垫来做最后一步。

制作、装满和储存法式抛光垫

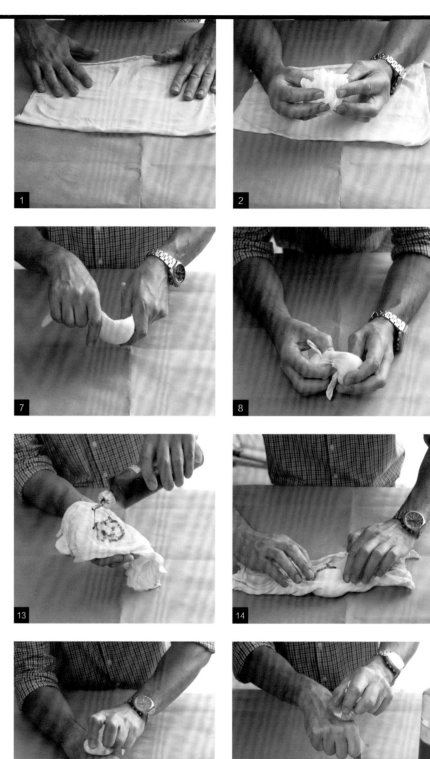

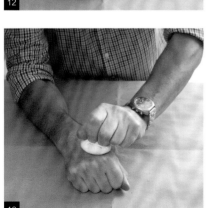

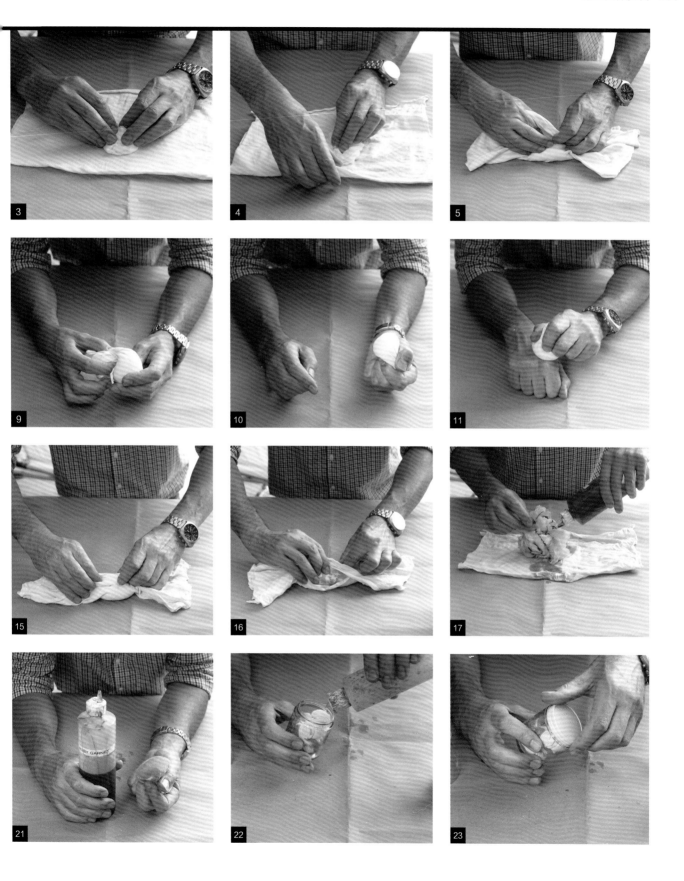

制作专属你的 **釉料**

虽然商业釉料在艺术品应用很广，并很容易在精细木匠商店中获得，但自己制作可以让你精确定制釉料的颜色和干燥时间。

你需要的材料

- 2份优质油漆清漆
- 1份松节油或石脑油
- 日本干燥剂（每10份混合物不超过1份干燥剂），可补偿油溶剂的较长干燥时间
- 油漆涂料

1.混合填料。将所有成分混合并搅拌直到混合物具有轻质糖浆的稠度。你将可以轻松使用该混合物，该混合物干燥至少需要20分钟，这将给你充足的工作时间。

2.先做测试。首先在家具上不起眼的部分测试该混合物，并做相应调整。如果它太黏，就添加溶剂；如果它颜色太浅或太深，就调整颜色。

即兴的艺术

上釉是一种需要微妙和轻盈手法的技术。它可以加强现有的木材，使它变旧，或帮助它更好地吸收光。太大的变化或花哨的分层，你最终得到的会是过度装饰的人造漆。这是一种高度复杂的手艺，但不是我们的目标。每一次上釉，都需要对产品的纹理和颜色做出即时的调整。没有两个产品是相同的。不要把你的想法固守在一个事先准备好的配方上，即兴的技巧是不可避免的。这就是我推荐油釉料的原因，它在干燥之前有较长的保持湿润的时间。釉料可以让你直接在你的家具上大量尝试。若不喜欢这次的效果，只需要擦掉它，调整颜色或纹理，再重新开始即可。

制作专属你的 染料

有三种类型的染料：油基染料、水基染料和乙醇基染料。对于不同抛光的方法，使用适合介质的染料。但请注意，每种颜料的处理方式不同。你也可以在抛光剂（如桐油）中直接加入染料，这样就可以同时染色、密封和抛光了（多任务不是现代发明）。你可以将添染料加到清漆中，只需少量就足够产生亮色或微妙的色调，再多看起来就会变得奇怪了，结果会很难预测。

油基染料

你可以使用多种介质制作油染料。如果你想要染料干燥得慢一些，就要使用优质的橡胶松节油或石脑油，这在染色的面积较大和避免圈痕时，会很有用。

1.将染料与合适的介质混合。开始在1夸脱油中加入1盎司或更少的染料。如果需要，再添加更多的染料。需要添加染料的确切数量将取决于你想要颜色的深度或强度。

2.调整透明度。你还可以添加白粉或粉状白垩，以产生更不透明或半透明的颜色。虽然我不建议隐藏木材本身美丽的质感，但更高程度的不透明效果非常适用于像乌木或詹姆士一世时期的橡木之类的较暗木种，或者是彻底失败的作品也没有关系（见第169页）。

3.可以混合来自相同培养基的染料。这不仅可以帮助你调整亮度或暗度，还可以调整颜色本身。

水基染料

即使水基染料很快会就变干，有一点仍然很重要，那就是在使用染料后，应该让家具放置一夜之后再进行抛光。

1.混合染料。烧水。在1夸脱的水中加入1盎司的粉末染料，可以根据需要添加更多的染料。关火并不断搅拌，然后将染料倒入容器中。

2.让染料放置过夜。

3.摇动容器搅拌。一旦你摇动容器，染料就可以使用了。

4.保质期：如果远离光线存放，该染料具有较长的保质期。

乙醇基染料

乙醇基染料的主要优点是它几乎瞬间就会变干，因此你可以立即进行抛光。将染料添加到虫漆或清漆中可以使用该种染料。

1.混合染料。每1盎司酒精使用1盎司或更少的染料，并根据需要进行调整。向甲醇（不是常规变性木材醇）中加入染料，并有规律地搅拌1小时。更好的是，将其放在带有盖子的瓶子中（因此介质不会蒸发）并定期摇动。

2.立刻就可以使用了。你甚至不必等待产品凝结。

3.保质期：如果储存在密闭容器内，远离光线放置，乙醇基染料几乎可以无限期地存放。用记号笔标记容量，以确保混合物容量是固定的。

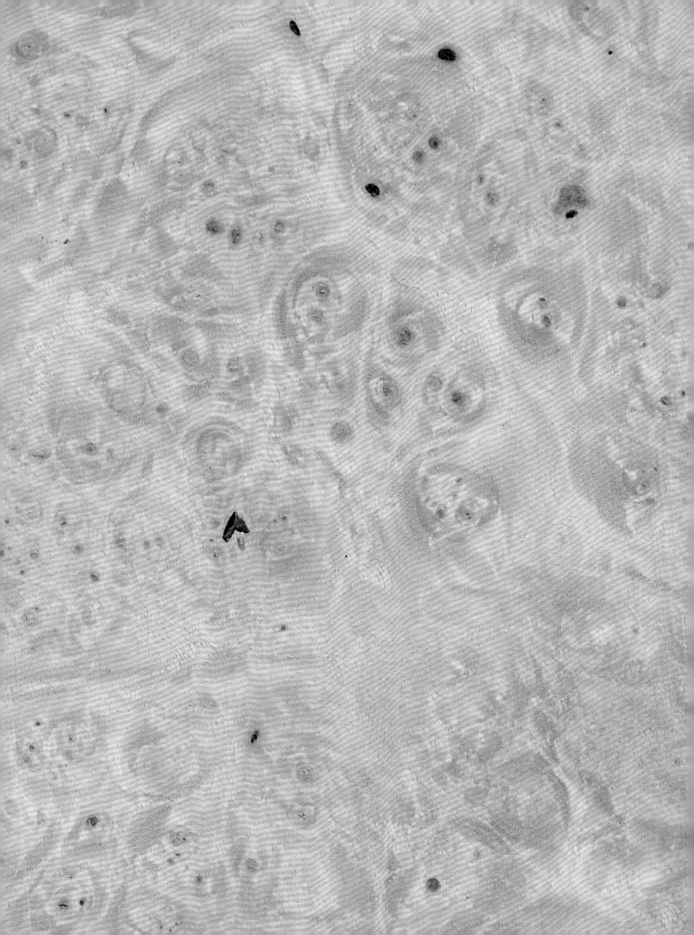

第六章

家具护理和保养

　　无论你是想修补维多利亚时代的桌子，使它能重新被使用，还是对于如何养护中世纪现代风格的餐厅家具，以使之保留原始风貌感到好奇，你都需要遵循一些指导方针，以确保财产的使用寿命。

　　这一部分包括了实际维护小贴士：家具移动的建议（因为运输是家具损坏的主要原因），及其他常见问题的解决方案，如从水环和虫洞到毁损的铰链和褪色物件的镀金，甚至还包括了大理石顶饰和户外家具的养护。

护理

阅读本节，了解如何修复磨损、污渍、异味、害虫和其他常见因素
造成的损坏，及其他修复的常见问题，如损坏的桌腿和卡住的抽屉滑轨
等。

常见影响因素

异味

　　清空该家具，选择一个阳光灿烂的日子让它在外面晒太阳（如果保护得当的话，可以晾晒若干天）。要把柜门打开，把抽屉拉出来。这种方法的效果会让你惊讶。

　　另一种有效的补救方法是喷洒1：1的白醋和水溶液。无论选择哪种方法，都要考虑事后用精油喷洒以强化效果。像下面这样有香味的油也是有效的。

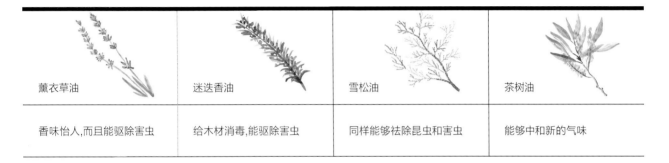

薰衣草油	迷迭香油	雪松油	茶树油
香味怡人，而且能驱除害虫	给木材消毒，能驱除害虫	同样能够祛除昆虫和害虫	能够中和新的气味

墨渍

　　墨是水性的，因此请遵循第263页"水分损伤"部分的指导原则，根据需要用较轻或更有效的治疗方式进行处理。

　　如果染色剂穿透抛光层并渗透到木材中，剥去表面，并用合成毛艺术刷将柠檬汁和家用漂白剂（或两份盐酸产品）的混合物涂在表面上。用25%白醋和水的溶液进行中和，并使之充分干燥。如果需要，重复以上步骤，然后进行抛光。

阳光带来的伤害

　　光线和阳光会对木制家具造成严重危害。通常情况下，会损坏抛光层的形式表现出来，蜡变干，清漆模糊，虫漆清漆严重破裂、变色。暴露在阳光下的区域和阴影区域的并排比较将会震撼到你。

　　为了防止阳光造成的伤害，请将部件放置在远离阳光直射的地方，并拉上遮阳窗帘，以减轻阳光渗透。

　　要修复阳光损伤的话，请清洁抛光层，并用与蜡或油相容的彩色介质对抛光层进行升级。或者，如果损坏太大，可以剥去抛光层并进行磨砂，这将去除外层的木纤维，露出新的未漂白的内层，再重新抛光。

阳光带来的伤害

虫洞

虫害

　　家具害虫喜欢在古董中排卵。随着幼体的生长，它们以木材为食，并钻进木材中，导致木材变得多孔和干燥，从而更加脆弱，也更容易受潮。虫完全长大可能需要数年时间，到那时，它们将钻孔离开。然后呢，你一定猜到了，它们会找到丈夫，再回去排卵……周而复始，令人恶心。想要打破这个恶性循环，你就需要尽可能保持家具的干燥，定期检查是否有新的孔洞产生。

　　大多数古董都有旧的、休眠的虫洞，但家具下面地板上的小堆灰尘是新的、活跃的虫洞的标志。想要修复的话，可以使用家具杀虫剂。这些产品在五金店都有售但是具有毒性。所以要在室外使用它们，同时戴上护目镜和面具。

　　1.不要喷涂，因为有毒残留物可能损坏漆面。将产品倒入细针头注射器中，并少量注射到虫洞中。你不需要注射到每一个虫洞里，大概每隔10英寸注射一次就足够了。

　　2.将该家具放在室外，过一夜之后，再在远离孩子和宠物的地方放置一两天。

　　3.之后，定期检查有无新的虫洞出现，并相应地使用注射器。

　　4.每年重复执行一次或两次（或根据需要）1至3的步骤；这种更安全的方法最终可以在家具内部所有区域进行。

　　5.将雪松块放在家具中，以防止新的害虫侵袭；你还可以用比例为1∶5的雪松精油和小麦胚芽油（或另一种中性油）喷洒家具内部。

虫蛀

　　除了木蠹蛾之外，你唯一需要担心的昆虫是白蚁。如果你的家具中出现了白蚁，你的麻烦就大了，因为这意味着你的房子里也有白蚁。

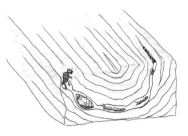

木蠹蛾产卵

木蠹蛾

白蚁

水湿气造成的损伤

滞留的水分会导致可怕的环状水渍或污点的产生。应当采取预防措施以避免这种情况出现，但如果水分损害已经产生，重要的是立刻处理它。尽快擦干溢出的水、酒精、油或任何其他液体。

用4F浮石粉或婴儿粉末撒在污点处，放置几个小时以吸出湿气。然后评估损坏程度，并按照以下准则做下一步处理。

修复前

表面浅渍

对于表面损伤和浅色污渍，第一道措施是彻底干燥，如上所述，可以用吹风机。及时应对就可能防止在家具表面产生永久性污渍。接下来，在污渍处放置双层织物。用温暖干燥的熨斗熨，通常检查以评估进展。如果污渍仍然可见，请用上好的木材抛光剂或上光用蜡对表面进行处理。

修复后

深色污渍

如果产生了黑点或深色污渍，或者如果你没有及时处理一些水渍，损伤就会更严重。

1.尝试使用溶剂，如油漆稀释剂或酒精。（首先应在家具底部进行测试。）用湿布轻轻擦干，并让其干燥。

2.如果溶剂不起作用，请尝试用钢丝绒（0000）擦拭污渍处，钢丝绒要沾满蜡，以免刮伤家具，随后让其干燥。

3.一旦去除了污渍，就应使用抛光剂或上光用蜡来保护家具。

严重斑点

对于更严重的痕迹，或当污渍已经渗透到抛光层以下、损伤到木材本身（特别是对于具有高光泽的表面及有问题的桌面和中心部件），包括水淹造成的损坏，修复过程可能会更复杂，我建议你咨询专业人士。这时抛光剂必须通过机械方式（通过打磨或刮除）或通过化学方式（用除漆剂）来去除。根据你的经验水平，如果污渍在小表面上，或者如果该家具具有蜡涂层，你可以尝试自己修复，因为自己修复更快、更容易、更无毒。你可以按着以下顺序处理。

1.刮除并打磨。仅仅这样做就有可能会去除污点。如果你手法精准，也可以使用剃须刀。

2.如果斑点没有被去除，请尝试使用溶剂。柠檬或漂白剂适用于墨渍或黑色污渍。

3.在清除污渍的区域重新抛光上蜡。

4.在该区域染色，使其完美融入其余部分，然后密封。

门

卡住的门

古董家具最常见的问题之一是卡住或门难以打开，但好消息是，这样的问题有一个简单的解决方案。通常，造成卡住或难以打开的门的原因是湿度过大，可能是家具之前所在地的环境过湿了。卡住的门常常出现在已经存放了一段时间的家具上；一旦木材膨胀，门就不再适合了。以下是你可以采取的应对方案。

检查该家具是否水平放置在地面上。一边比另一边高一英尺有时就足以导致失衡和木材扭曲。

将家具放在干燥、温度适宜的房间里，通常只需要几周时间就足以解决门的问题。在打磨或削去任何木材（见下一条措施）之前，请先试试这个方法，因为打磨可能会导致相反的问题，门变得太小，无法与门框合拢。

对于木材轻微胀大的问题，可以打磨门的下侧，以减少摩擦。如果只是有轻微的摩擦，220粒度的磨砂纸就够用了；如果门无法关闭，可以尝试更粗糙的100磨砂纸。必要时使用的木材锉刀，以削去更多材料。但是，只削去一点点就可以了，假如依然不够，最好咨询专业人士。

要搞清楚究竟门在何处摩擦而卡住，可以在整个区域撒上婴儿爽身粉。打开然后关闭门若干次，爽身粉被摩擦掉的部分，就是问题所在。

更严重的问题包括损坏的铰链或破碎的门部件。要获得更多建议和有关修复详情，请参见下一部分。或聘请一位专业人士相助。通常此类问题不是适合自行动手维修的问题。

损坏的铰链

如果铰链损坏了，你可能需要专业服务。但是，即使你不打算修复或自行更换铰链，定期评估也可有效防止家具进一步的损害，所以也请仔细了解这一问题。这一问题的原因通常是设备有问题，其中包括新更换的铰链和螺丝钉契合度不好。

1.多次更换螺丝而导致的松动。

2.不合适的螺丝长过铰链表面，阻止了门的关闭。

3.更换的铰链不合适，过大导致门无法正常关闭，或过浅导致嵌入木中导致门无法正常关闭。

4.铰链契合不佳。任何部件都必须完美契合，无论是螺丝、钉子还是铰链。契合不佳的部件应根据需要更换。

关于铰链的各种问题，有四种可能的解决方案，可以防止进一步的损害：

1.替换为更适合的铰链。

2.更换为更适合的螺钉。

3.修复固定铰链的木材，确保木材能为铰链提供适当的支持。

4.打磨或刨平任何部位过量或胀大的木材。

板材裂痕

　　裂痕是指木材无法完全恢复的"伤口"。疤痕会留下来，无法复原。因此要尽可能地修复裂痕，然后把它隐藏起来，使用可逆的方法和产品（如动物胶、自制填料等），以便修复再次裂开的裂缝。

　　如果有裂痕的板材是有镶面的，要请专业人士将镶面拆开，修复和修补板材的底面，并重新在裂痕已闭合的板材上进行镶面。然后挫除不合适的边缘、色斑、色块并修补漆面，以获得完美的结果。（你现在就可以理解为什么这应当交给专业人士做了）。

　　为了避免产生裂痕，实木柜允许在框架内有膨胀和回缩。如果榫卯木匠是通过木钉固定的，你可以拆除框架以清洁凹槽内堆积的灰尘。按照下面的指示进行修复，然后重构该板材，确保它可以自由移动。这样面板就很可能将不再裂开了。

　　如果你不能拆除框架，或者该板材没有产生贯穿的裂痕，你依然可以按照下面的指示操作，并获得不错的结果。

　　1.清洁裂痕处，去除一切旧的胶水或污垢。

　　2.评估板材。如果它仍然处在框架之中，就跳转到第3步。如果它已经从框架中脱落，一分为二了，就用胶水将两边黏合在一起（参见第266页）。让板材干燥若干天，然后重置框架，跳转到第7步。

　　3.轻轻拉开裂痕的两边，使得裂痕扩大一些，直到足够插入一个木补丁，使周围的板材能够与框架紧紧贴合。

　　4.通过将一块平整的木片插入上一步扩大裂痕所产生的间隙，来进行修补。木片可以是搅拌片、压舌板、垫片等，无论哪种，都需要修整到适合裂痕的厚度，并且在插入前双面都应刷上胶水。

　　5.使用320粒度的磨砂纸或400粒度的磨砂纸，将该处磨至与整块板材其他区域齐平，在需要的地方添加填料，最后进行抛光。

　　6.如果裂痕过浅或过薄，则不适合采取上述插入的方法，可以采取加入木材填料的方法（参见第246页"创作专属你的填料"）。每一次只是加入一点点，在此过程中不断清理溢出的填料，并且不要将填料马虎地洒在裂痕外面，不然之后你将不得不进行过多的打磨，这可能会使得裂痕周围区域相比整个板材凹陷下去。

　　7.十分小心地使用320粒度或400粒度的磨砂纸磨去多余的部分。

　　8.隐藏你所做的修复工艺。将整个表面打磨得光洁而平整，然后染色使之与整块板材色彩相融（参见第274页）。

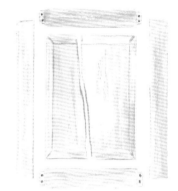

断裂散架

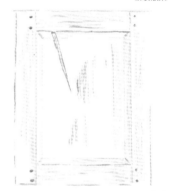

伤痕

板材裂痕修补

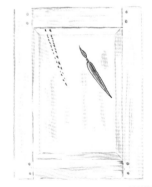

修补混合

抽屉和滑槽

抽屉的保养

首先，定期清空你的抽屉，以检查抽屉是否已损坏。其次，不要超负荷地使用抽屉。重量过大会损坏抽屉的底部，并对滑槽产生压力。堆得满满的纸张和书籍是抽屉的大敌。现在就去检查你的抽屉吧，很可能超过半数的抽屉都太满了。

保持抽屉的球形把手或拉手的完好贴合。部件的松弛会影响抽屉的使用。并且用适当的方式开合抽屉。如果一个抽屉有两个拉手，那就需要你用双手均匀用力来拉开它。

抽屉被卡住

刨平或打磨抽屉盒的底面，通常就能解决这一麻烦了。然后在抽屉底部和滑槽擦上干蜂蜡或肥皂来帮助润滑。

抽屉太松

如果抽屉会被推得太远或不够远，或拉动时感觉不平整，那么很可能里面的木滑盘便出了问题，通常是木滑盘磨损或者脱胶了。检查抽屉盒及滑轨来确定问题出在哪儿，并决定如何应对。请参阅下面提到的"抽屉滑轨维修"部分以了解更多信息。

抽屉底部裂开

在这个位置产生的裂缝是很难解决的，并且裂缝可以进一步危及抽屉的结构稳定性，尤其是抽屉内放置了重物。你可以用对待板材裂痕的方式来处理：将裂开的部分放回原位并用胶水粘起来。为了避免未来再次裂开，你应当听从老工匠的指示，并按照以下步骤来做。

1. 剪下一条几英寸宽的帆布或粗麻布料，长度和裂缝相同。

2. 在抽屉底部裂痕的两边涂上浓稠的胶水，使用皮胶或木匠胶，因为这两种胶水会收缩，能够确保稳定性。

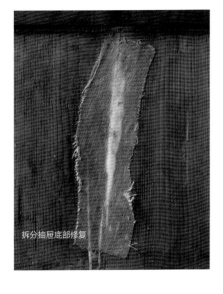
拆分抽屉底部修复

3. 将帆布或粗麻布料放置在裂痕处，刷上更多胶水。

4. 放置一夜以使它干燥。不要在该抽屉内放置过满过重的家具，这样能使你的劳动成果保持更久。

抽屉滑轨维修

不灵活的、破碎的或脱胶的滑轨（即支持抽屉的小小木轨道）是家具常见的问题，无论是书桌、梳妆台或桌边都可能出现这问题。滑轨的正常运作能使抽屉保持平衡，使它们能够顺利、均匀滑动而不倾斜或不被卡住。修复或更换滑轨是很便捷的，不会让你觉得为难。

你需要的材料

- 香皂
- 油漆稀释剂
- 动物胶
- 小块松木（可选）
- 锯子（可选）
- 150粒度或220粒度的磨砂纸
- 蜡膏或蜡棒

1.尝试使用香皂。如果滑轨没有过于破旧，但抽屉卡住了，用肥皂打磨一下可能就可以解决问题了。

2.取下滑轨。如果确实不行，就取下滑轨。滑轨通常是用胶水粘在家具里面的，所以在换下滑轨时，应该不需要取下任何螺丝或钉子。假设粘滑轨用的是一种自然的黏合剂，如皮胶，将滑轨浸泡在热水中，水向下进入滑轨的缝隙，并将胶水分解。如果这种方法不起作用，重复此过程，用油漆稀释剂替代热水，就可以溶解其他的胶水，例如木材胶粘剂。

3.等待水或油漆稀释剂溶解胶水，并轻轻地拉动滑轨。用抹布擦净多余的水或油漆稀释剂。

4.如果滑轨状况良好，尝试将其翻转过来，将没有被磨损的底面向上放置，或者将左侧滑轨置于右侧，这样就让靠近后部的滑轨更靠近前方。

5.如果滑轨损坏过于严重，那就更换滑轮。如果你更换了一侧的滑轨，就需要也更换另一侧的滑轮，以保持平衡与均匀。切下一块木材，最好是松木，因为松木既平滑又不太硬。切下和原来滑轨完全相同的尺寸。始终使用粗糙的、未经抛光的木材。从木材场得到的1英寸左右的木棒是很好的选择。使用320粒度或400粒度的磨砂纸，将顶部磨平。使用膏蜡或蜡块来进行润滑，并使用皮胶或木材胶合剂将滑轨粘在原始位置上。

6.晾一两天，待胶水干透，再把抽屉装回原处。

抽屉故障排除

如果滑轨脱胶	将滑轨上残存的胶水去除，再重新上胶。始终用胶水黏合，千万不要用钉子或螺丝。若使用螺丝或钉子的话，该框架将不再膨胀和收缩，可能会滑出边缘或支撑不力。
如果滑轨轻微磨损	无须更换滑轨，尽量翻转、颠倒或两边交换使用，例如，将右边的滑轨换到左边用，反之亦然。你可能需要做一些调整，但是这值得一试。
如果滑轨重度磨损	尝试使用胶合薄片、平整木片、胶合板或垫片，黏合到滑轨的顶部，将它的高度恢复到适当的水平位置。
如果抽屉容易卡任外面	刮平或打磨平抽屉的背面。
如果抽屉容易滑入较深处	在家具柜体或抽屉的背面内侧后面粘上一小块木头，制造出一个停止点。或在滑轨结束处粘上两个比较小的木块作为停止点

一般修复

曾经的修复

　　曾经的修复，无论是好的或不好的，可逆的或不可逆的，可见的还是隐藏的，对它们进行检测都是非常重要的，因为它们会影响新的修复和修补。如果历史修复做得正确，可以为家具增添魅力，应该让它们保持不变。根据经验来看，不超过30％的修复对于古董而言是可以接受的。恢复的程度会影响价值，但该古董仍然能保有古董的价值。而任何超过30％的修补都会严重影响古董的价值，专家也会进行非常严谨的评估。（这仅仅适用于严格意义上的古董。如果你不确定手上的家具是否属于此类，请拍几张快照，并发送至经销商或拍卖行进行鉴定。）

　　一些修复是有害的维修。你必须要解决这些问题，并小心行事。失去作用的钉子和螺丝应该被移除，但不可逆的胶水则不能。在修复第一次受阻的时候，或者如果你不确定或不清楚在特定修复工艺过程中所发生的状况，请向专业人士求教。如果你擅自继续下一步的话，很有可能你会制造出"二次伤害"。在你大叫"糟了！"之前，你的家具可能就已经受损了。规则如下：

　　1.永远不要在没有螺丝或钉子的地方加上螺丝或钉子。

　　2.切勿使用现代胶水。相信我：我每一天都见证着现代胶水导致的损害。

　　3.保留尽可能多的旧件，旧的配件、旧的修复物、甚至旧的抛光面，越完整越好。

　　4.单独保留旧的修复原貌，尤其是可见的修复，如果它们还尚且完好的话，尤其是在定期修复时。当做新的修复时，如果它们发生在隐藏的部位，也让新的修复可见，这是为未来可能的修复着想。

　　5.不要删除旧的标记，例如铅笔标记。你可以随意添加自己的标记，只要这种标记是可逆的。

　　6.听取建议：工匠将永远会因为你的兴趣和尊重而受宠若惊。

桌椅腿断裂

　　对于椅子和本身不太稳定的三脚桌而言，椅子脚或桌腿断裂是很常见的。事实上，我经常会遇到桌子底座木匠松散和断腿的双重打击（参见第208~213页的实例和教程）。要修复断腿，可按照以下步骤操作：

　　1.彻底分开两个部分。要很好地修复断腿，将断裂的两个部分彻底分开是很重要的。如果你觉得不可能安全地做到这一点，就向专业人士请教。表面的功夫只能维持一段时间，并且更糟糕的是，这还会进一步损害整件家具。

2.仔细清洗分裂处。

3.使用木材胶水或皮胶。这两种胶水比现代的胶水效力低，但好处是它们的效果是可逆的。

4.钻一个孔，穿过断裂处的两面，与断裂处垂直。

5.插入木栓，保持断裂处稳固。永远不要使用金属棒、螺钉或钉子，因为这些工具最终会撕裂木材。确保裂痕的边缘彼此贴合，完美地贴合在一起，使得胶水不被过度挤压，木栓也不会移位。放置一夜。

6.打磨、补丁，使之与周围的光洁度一致。

修复前

脚轮

家具腿底部的小回转装置往往承受了很多压力与磨损，所以需要定期检查它们是否有撕裂或轮子磨损的现象。脚轮主要用于承担家具的压力，而非你身体的重量。因此不建议你坐在扶手椅上在房间里移动，毕竟，我们所谈论可并不是现代办公家具呢。

要解决脚轮的问题，首先要将家具翻转过来，拧开脚轮。螺钉通常的作用只是保持原位。主支架是插入桌腿内的金属棒，由较小的平头钉或螺钉增强，并在桌腿底部固定。

修复后

第二种类型的脚轮通过一个圆筒形黄铜杯固定，在桌腿的底部滑动，以防止撕裂周边木材。所有这些零件都有各自的作用。如有丢失或损坏，就需要更换所有的脚轮，因为受力均匀平衡是关键。脚轮通常很容易拆卸和更换。脚轮的标准模型并不多，你可以找到在固件目录里找到质量好的来替换。要购买质量好的脚轮。

脚轮

断裂的垂板

古董家具上可移动的部件所承受的压力和磨损是残酷的，但也是可以理解的。移动部件的质量能证明古董仍然还活着，即使它有点脱节。

垂板断裂的主要原因是松散或断裂的铰链。更换铰链通常就可以解决问题。取出旧铰链，替换旧螺丝，并安装高质量的新部件（通常会提供合适螺丝的替代品，如果没有，可以询问哪些是合适的替代品）。事实上，整体更换一整套新的铰链是明智的。如果你是纯粹主义者，那就将旧的铰链保留下来。在附近小心打磨，可使垂板变得完美，并保持其平稳运作。

木制品

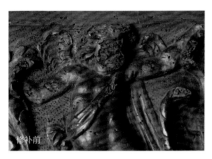
修补前

修补后

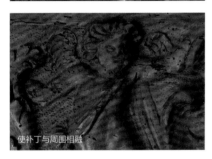
使补丁与周围相融

缺失部件

　　诸如破碎的角落、装饰线条上的裂片及孔隙部分等小的缺失部件，可以通过适当的填充处理（详见第246页"制作你专属的填料"部分）来解决。如果缺失部件太大，可以将一整块新的木材移植到家具上，以恢复其完整性。这种修复应当留给专业人士来做。支撑部分的木材将必须被雕刻成规则的形状，以接收新的木材，而当新木材被黏合上之后会再进行打磨，使之平整。相关准则见下表。

缺失部件及其解决办法

问题	解决办法
缺少部分木材	一般更换和维修
缺少装饰线条	更换和重建
缺少雕刻或装饰物	重铸
孔隙和凹洞	填补、造型、补丁；打磨以匹配

木片起泡

起泡通常是湿度过大或胶合失败的结果。你可以通过微微加热就能相对容易地重新胶合板材。具体方法如下。

1.将棉纸对折几层放在木板上，对木材进行保护。

2.用熨斗在薄纸上微微加热（插上电并设置为低热量）一分钟左右。

3.将起泡的木材按在木板后部，用手指按压数分钟，或者使用木材胶布维持压力。

木片脱胶或蜕皮

如果木材脱胶或蜕皮，首先尝试修复它，使用与对付木材起泡同样的方法。如果该方法失败了，或者如果木材脱胶的部分太大，那么就按照以下步骤进行。

1.用多用途小刀、刀片或剃刀切割开木材，沿着木纹的方向切片。

2.用细棒或注射器在裂口的两面注入皮胶。

3.在裂口的两面施加压力，挤压裂口以挤出过量胶水。

4.用湿布清洁过量胶水。

5.等待胶水干透，这大约需要10分钟的时间。然后在上面放置数层纸巾，再在上面放置未插电的微热的熨斗。将熨斗放在木片上面，直至冷却。

6.熨斗的温度和重量将确保完美修复木片。

7.如果使用与表面能够完美匹配的抛光木材作为填料，你可能不必重新抛光表面。

木片损坏或丢失

木片掀起或脱胶

木片凹陷

木材也显得坑坑洼洼，很可能是因为木材的表面曾被击打。将棉布置于木材顶部，并用蒸汽熨斗进行处理（或者使用湿布和干熨斗）。调节温度，使之不会损坏木材是关键。一开始使用低热量或低蒸汽，一点点升温，直到木材变得平整。

木材缺失

木材缺失的部分可以用木材填料进行修补，但只有当伤口很小和微不足道的时候才能这么做。否则，修补需要将新的木材切割成一定尺寸。

你可以在易贝网上买20或40块装的包装木材样品，或者通过细木匠艺目录购买。（这也是识别木种的好帮手，并且木材足够大可以用于多次修补。）需要注意的是，现代的木材比旧时的更薄一些，所以修补时可能需要将两层黏合在一起，以实现表面与周围齐平。因此可以选择松木、杨树木、枫木作为下层，并用胶水与上层木材黏合。

1.使用多功能小刀或刀片清洁木材缺口处的污垢和残留胶水。完全清理干净缺口是必不可少的一步。彻底刮干净，并避免打磨，让小刀游走在缺口的边缘，形成无形的缺口。接下来，修剪周边，使边缘变得笔直、整齐，修剪成常规的形状，使之更容易用木材进行填塞。

2.用酒精蘸湿的抹布彻底清洗缺口。

3.使用相同（或类似）的木材，最好厚度也要一致，来匹配木材的缺口。如果有缺口的木材本身太厚，则你可能需要层层叠加填料，注意木材的纹路。

4.在缺口处放置一张纸，并确认其确切轮廓。

5.切下比模板略大一些的木材。通过将该块木材放置在缺口处，调整其大小。以90°角不断打磨边缘，直到你已经获得了完美的补丁（不要用刀片修剪，不然你一定会得到一块过小的补丁）。

6.使用胶水刷，在缺口上涂抹皮胶。

7.在缺口上面放置木材补丁。从中心到边缘施加压力，以挤出过量的胶水。然而，不要挤过头了，挤过头是一个典型的错误。一旦接触面平整了，就请停止。

8.使用打磨的木材或光滑、坚硬的木材，施加恒定平衡的压力，保持几分钟的时间。平衡是最关键的词，几次就可以了。请勿挤压木纤维。最好木材填料比周边表面更厚。一旦胶水已干，可以刮去多余的，使得表面完美无瑕。（相反，如果表面凹陷，就会很明显，这种情况几乎是不可能纠正的。）在上方使用木材胶带，放置一晚，使其完全干燥。

9.用湿抹布、剃刀刀片和磨砂纸小心地取下胶带和纸模板。

10.用干净的刀片刮。手法轻盈，多刮几遍，不要一次削去厚厚一层。

11.根据需要染色，以匹配现有木材的颜色。

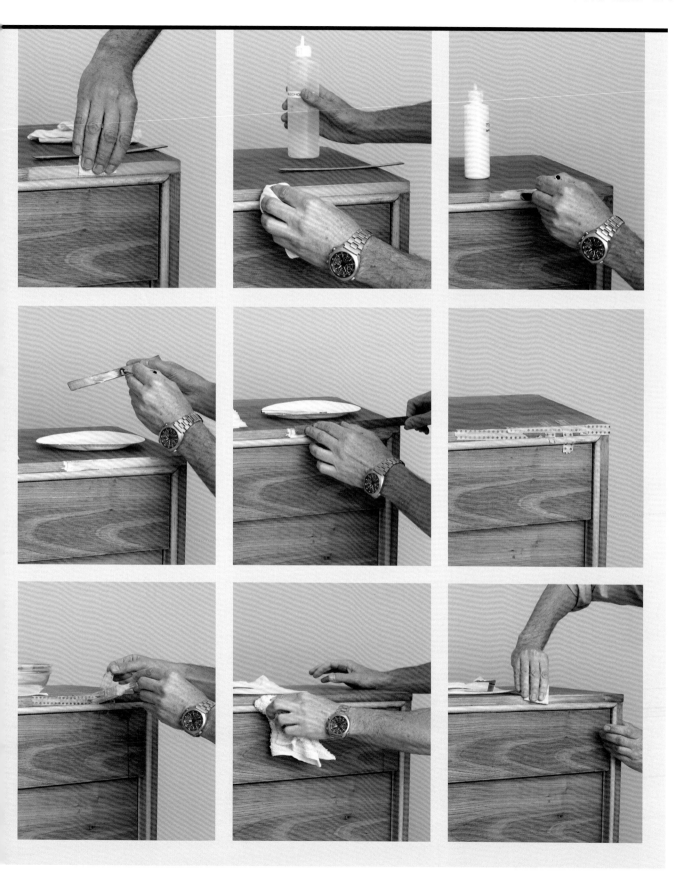

修复融合

　　修复融合像整形手术一样，需要耐心，这是个试错的过程。有一系列的工具可以帮助掩盖一次维修的痕迹。对于小型快速的上色，可以考虑毡笔、蜡棒或蜡笔。你可以在细木匠供应商那里找到这些综合工具的专业版本，但其实绘儿乐的蜡笔也完全可以。同样，标准文具的毡制粗头笔（尤其是那些用于书法的有长毛笔头的）也是完全可以的。此外，你还可以混合各种原料（粉末染料、染色剂、木色调的涂料），只要它们能够溶于同一介质就可以。

　　木材修理所需要的主色调通常都是一样的：灯黑、钛白、赭黄、赤土色、黄土色、煅黄土、镉红和范戴克棕色。你可以从这组颜色开始，并根据需要添加其他许多色彩。

　　1.首先磨砂。在打磨后染色才是最佳的。

　　2.尝试染料。首先尝试能够将木材与填料深度染色的染料，如酒精或水为基的染料。浸湿木材，直到你获得了可接受的基础色调，然后让木材干燥。

　　3.接下来，可以改用质地更厚的产品，如油染色剂或染料，混合和分层。

　　4.评估你的工作，但不要想太多。木材没有唯一的颜色。它的色彩变幻无穷，层层不同，像棱镜一般。避免花费太多时间寻找完美的色调。上色、调整，让其干燥，密封（如果需要），在周围找到另一种色调应用和重复。

　　5.寻求诚实的意见。不要成为你自己手艺的评判者。无论你所做的修复工作有多好，你自己总是会看到它的。问别人他们是否能找出维修的位置。如果他们找不到，那你就大功告成了。

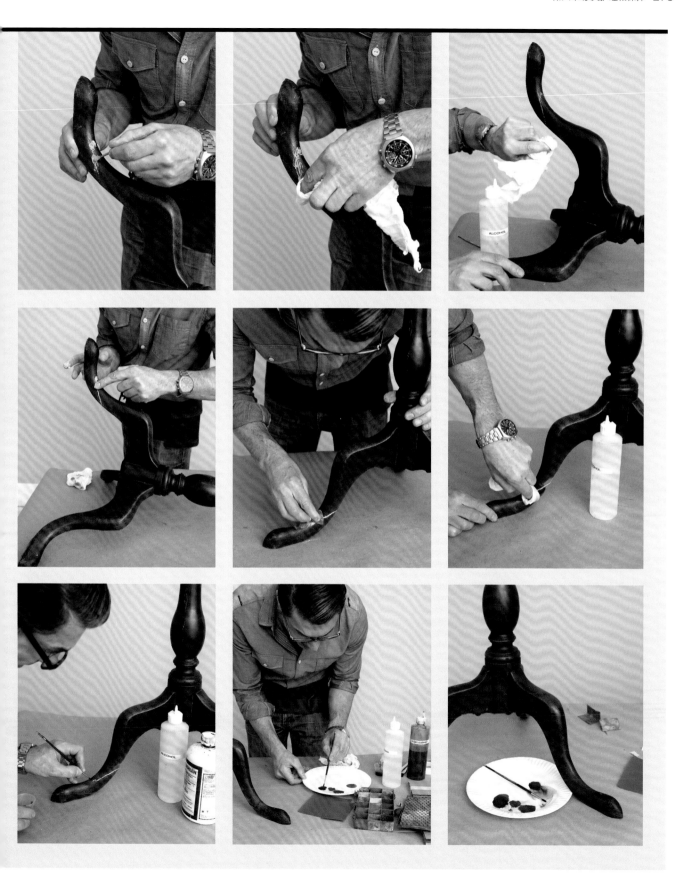

硬件维修

一般提示

你可能遇到各种硬件问题，比如受压过大、断裂、丢失部分、劣质替代物。下面的一些方法可以帮助你发现问题并及早解决。

· 在清洗或者修复前先取下相关部件。

· 在取下部件之后，清洁它原本所在的木材区域。

· 使用填充物、牙签或刷子填补已经存在的孔隙，这样新的螺丝钉可以得到有力的支持。

· 修复部件周围或下方撕裂的木材，填补孔隙，用胶水黏合裂缝。用夹钳固定可能是必需的。

· 更换螺丝钉。很可能螺丝钉已经是劣质的替换品了，这就会影响到正常功能。用适合木材的新螺丝钉进行替换，使用合适的材料（黄铜或不锈钢）和合适的尺寸，并且使用平头螺丝钉（不使用菲利普斯式十字螺丝钉）。所有螺丝钉都要求是相近形状的。

· 不要成为太纯粹主义的人。用新的部件来取代旧的部件，通常都是可以接受的，甚至在很多情况下是优选。（尽管如此，你还是应该保存原有的硬件以防万一。）

嵌体脱落

金属镶嵌体，通常是黄铜嵌体，通常用于构建维多利亚时期和19世纪时期的法国家具或抽屉框架。你会通常遇到嵌体脱落的情况，常常是环境过于干燥的结果。你需要克制住将它用胶水黏合回原位的疯狂冲动，因为这样做是不可逆的。或者，假如你用钉子固定嵌体，这将进一步的损害黄铜和底层材料。你应当考虑聘请专业人士，他们将用以下方式来解决问题。

1.取下整片嵌体。

2.在用喷灯或炉子上的明火加热金属的同时（你看，这就是你需要聘请一位专业人士的原因），用橡皮锤或木锤，使嵌体变得平整。

3.清洁黄铜和木材表面的残留胶水。

4.用锉刀刮平嵌体先前被胶水黏合的一面，给黄铜一些纹理使它能够更好地被新胶水黏合。

5.用酒精充分为金属表面除油，一些工匠随后会用大蒜擦拭表面以增强咬合力。

6.轻轻用喷灯加热黄铜，然后涂上木材胶或兔皮胶。

7.使用橡皮锤和一小块硬木，将嵌体压入原位，从一端到另一端地挤压出多余的胶水。擦干任何多余的胶水。嵌体应当正好嵌入原位，并且不需要任何夹钳固定，但可能需要用重物压一下嵌体。

铰链

涉及铰链的问题，更换一个近似的新铰链就可以解决问题。不要尝试仅仅替换其中一个螺丝钉，如果你想换一个铰链，那么更换所有的部件。混合搭配的方法并不怎么好，而且会降低整个铰链结构的完整性。事实上，这种低级的修理就是通常引你修理问题的症结。更换的铰链应与原部件一致。修理的时候，也记得修理空洞和破损的木头。上胶的时候，固定门的两侧或者家具的框架，并且要等一整晚。

锁和钥匙

像锁这样复杂的机械部件应该护理。如下这些简单的维护就会解决绝大部分问题，而且每隔几年就要做一次这种维护。

1.用石油溶剂清洁布满污渍或卡住的锁，例如石油精或油漆稀释剂。

2.过夜浸泡，溶解结块铁锈和污垢。

3.用软刷擦洗，像牙刷一样，用一个像瓶子清洁器一样可弯曲的工具在锁里面深入清洗。

古董锁

维护和使用技巧

1.不要强制开锁或用尖锐的物体来解锁，更不要尝试使用其他钥匙。

2.从不打磨、清洁，会损害它们的功能。

3.不要使用油作为润滑剂，因为这种做法可能会吸附灰尘而损坏锁，应使用石墨粉通过小缝隙进入到锁中来清洁。

4.永远不要尝试打开用铆钉钉牢的锁箱；一旦打开，你很难还原，而且你也会打乱机械部件。

遇到以下情况给专业人士打电话

1.打开锁箱，更换任何一个零部件；

2.配一把新的钥匙，这时候就需要一个专业的调配员（法国人是这么称呼的）；

3.要更换锁和钥匙，这应该是最好的解决方案，因为维修永远都会使原始配置发生移动，最终会损坏家具。

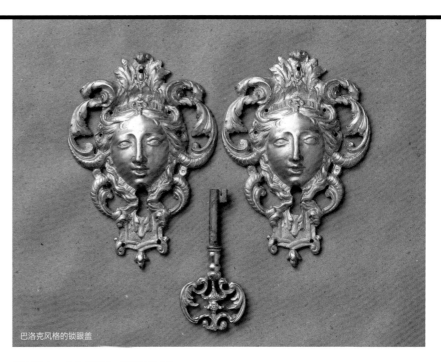

巴洛克风格的锁眼盖

手柄、旋钮和锁眼盖

　　无论是为了遵循时尚还是更换几个破损或丢失的零部件，经常改变这些零部件是标准的做法。你会经常看到之前的孔洞被填充，又产生新的孔洞。如果你拆卸或者整修一件家具，检查抽屉里面找到它最初的位置，还原到初始设置或保持现状是你的选择。按照正常的渠道进行评估、维修和保养，并始终避免使用砂纸、钢丝球和金属刷子，这些都会划伤家具表面。

专业五金

　　这里，声音功能而非美观度是你应该考虑的第一要素。正确的操作是必需的，甚至更多的装饰元素。只需更换，不要修理的情况如下。

　　1. 钢琴盖子错误打开或粗暴关闭；

　　2. 带折叠面板书桌上的铰链；

　　3. 移动家具上的脚轮。

　　移除至关重要。上述情况通常与木材的破损或撕裂有关，金属比木纤维更硬。去除硬件之前，需要固定或加固木材表面，以免木材损坏程度加深。

硬件翻新

你可以使用新的硬件快速翻新任何一个部件：抽屉的拉/旋钮、手柄、锁眼盖。你通常会看到原始硬件形状不佳的古董，或者是改装了新的、更具风格的硬件古董。

如何选择：选择风格时，请考虑颜色、抛光后的粗糙度和时间适宜性及硬件相对于整体的尺寸。弄清楚你喜欢什么及哪种硬件最适合，最好的办法就是从一个好的硬件来源处购买多种硬件，通过测试而与家具部件匹配。然后更换坏掉的。我最喜欢的资源是硬件目录，比如像怀特查佩尔有限公司的硬件目录（根据我的历史记录首选复制品）。他们不仅销售不计其数的家具，也销售关于"尝试"风格和尺寸的理想设计：切出模板，把它们放在你的家具部件上，以此来判断它们是否太大或太小。你甚至可以使用影印机来缩放图像。

间距：旋钮和拉杆与其他部件的位置既不能太近，也不能太远。经验是将部件的整个宽度（或个人抽屉的宽度）分成6等份。将五金制品定位在大约六分之一和六分之五的位置。用你的眼睛而不是卷尺做判断，因为这并不是一门精确的科学。

居中：对于单个旋钮，再次用眼睛而不是卷尺来确定位置；面板或抽屉的中心可能不在最佳的位置，具体取决于五金部件是否和眼睛在同一水平或更低。你可以在中心钻孔，但是家具部件的长度或形状会使其看起来过高或过低。用画家的卷尺来模拟五金部件。退后，然后看起来效果怎样。

孔：你可能需要修补现有的孔洞并钻新的孔洞，才能匹配五金部件的尺寸，新的部件尺寸与原始尺寸不同。

最后，不要买廉价的五金部件。五金部件就像你的首饰一样重要。

五金部件清洁

实体青铜或黄铜可以用氨清洗，然后对黄铜进行抛光，而沉积金属（也称镀金属）仅需要用肥皂和水，以免损坏光洁性。在任何情况下都不应该像磨料那样使用钢丝刷或钢丝球。

镀金属

仅需使用柔软牙刷蘸取肥皂就能清洁镀金（即电镀）青铜。对于铜绿，有轻微的镀金物是质量的一个标志。不要尝试用黄铜抛光剂来打磨它，否则你会弄掉镀金物。同样，要避免金属堆焊（过于激烈），除非经验丰富的专业人士，能够做到重新创造老化效果。磨损的金属外观比重新堆焊的效果更好。

铁

铁锈。要么清洁铁锈，要么让它稳定下来保存现有的光泽。清洁和密封的时候，生锈的铁将不会对家具产生进一步的腐蚀，只要这层保护层能起作用就行。

1.浸泡一整夜（或更长时间）。在油漆稀释剂中溶解铁锈和污垢，然后将五金件冲洗干净。

2.用钢丝绒擦拭表面以除去任何疏松的锈层，使用较细的钢丝绒（0000），以确保表面不会被划伤。档次的选择及除去铁锈的程度取决于你的审美。在恰当的时候停下来。

3.避免磨碎原料，不适当修复将会降低古董价值（20世纪的现代作品，拥有清洁的外观就很好）。抵制粗糙的磨砂的诱惑，是的，你会看到立竿见影的结果，但你会刮伤金属表面，这就迫使你更精细地打磨去除磨损部分。

4.如果你想进一步清洁，使用较粗的钢丝绒或砂纸（理想的是400粒度以上），直到达到你喜欢的效果。然后进一步用细腻的钢丝绒擦亮任何用粗糙的砂砾造成的划痕。

5.用吹风机吹干铁制品或用抹布擦干铁制品，然后涂上棕色或黑色蜡（甚至鞋油），并将金属擦得发亮。蜡会阻止铁锈进一步腐蚀，并保护深层。通过在明火上轻轻加热铁制品来加强蜡的保护效果，你会看到水分的蒸发。应用热蜡（在热的表面）创造一个更结实的纽带。

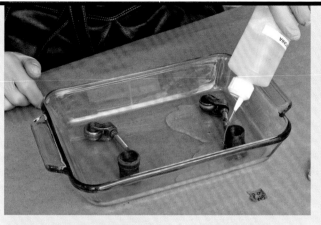

清洁实心青铜和黄铜

1.将五金部件放在装有氨的玻璃皿中，静置五分钟。

2.用牙刷擦洗干净。不要试图用钢丝绒去除污垢，这会刮伤和损坏金属表层。

3.如果五金部件没有污垢，你可以通过柔软干净的棉布或应用黄铜抛光剂，用糊状或液体将其安全地抛光。

4.用磨损的牙刷或其他软毛刷在流水下冲洗去除抛光剂，对于复杂部件来说这是最重要的一步（按照与银器相同的方法去除抛光乳膏留下的有毒化学物质）。用干净的抹布仔细擦拭五金件，使它干燥，然后用吹风机干燥，感觉完全干燥为止。当这些步骤都完成后，金属应该是温暖的。

5.未经处理的黄铜光泽暗沉或给人年代久远的感觉。你也可以使用化学方法打磨五金部件（见第282页）。无论你是否想增添光泽，都可以在五金部件打一层琥珀色膏蜡以此来保护五金部件，这样可以保持长久的清洁度。我更喜欢打蜡喷漆，这是基于化学原理，以此来达到闪闪发光的外观效果。虽然化学涂料看起来像永恒附着在表面，但打蜡的五金部件还是会随着时间的推移而老化。

五金制品铜绿化

1.五金制品脱脂,使用蘸取丙酮的湿润抹布。

2.将五金制品摆放在玻璃器皿中。

3.准备好铜绿槽。准备多种颜色提前制作铜绿,如佛兰芒灰色、黑色铁、翠绿色、深色青铜等,这些颜料可在工艺品店找到。在这里,我用酸来制造一种青灰色调,以与我们正在制作的木制作品相契合,(白鑞也是一种电镀漆面,主要用于防止铁制五金生锈。)而后,将溶液倒在五金制品上。

4.浸泡直至均匀涂布,耗时5分钟或更长时间。如果该制品有部分没有完全浸泡其中,请把五金制品移出,将酸倒掉,而后重新倒入相同剂量的酸,并重复上述步骤。

5.取出五金件并擦干。使用夹具或木棍(不要徒手),将五金制品从铜绿槽中取出。用一块干净的抹布将其全部擦干。

6.如果需要的话,用000或0000号钢丝绒摩擦提亮。

7.涂蜡以保护漆面。

皮革清洁

你在老式或古董家具上找到的桌面和其他皮革表面通常已被抛光, 不是通过涂抹的面漆, 而是用蜡或能够渗透皮革表层的上好的虫漆填充物。因此, 清洁时请避免使用机械工具（刮刀、刷子、钢丝绒等）, 这些会把表层的蜡或虫漆与污垢一起除去。相反, 要使用清洗剂, 如外用酒精或像橄榄香皂那样柔软、透明的全天然肥皂水。这些产品将消除污垢和环状水渍, 而不会损坏或改变光洁性。

皮革护理和保养

如果皮革……	……请这样做
需要普通的清洁和保养	用一块白色（不是彩色的）棉T恤制成一件非常柔软的抹布, 尽力拧干水, 并用大力擦拭表面
脏污	首先, 如上所述方法清洁。然后, 使用干净的抹布, 涂抹一点蜡基洗革皂（不要用动物油）, 然后擦去; 抛光（不要冲洗）
污渍	先要在隐蔽的地方进行尝试。首先按照保养方法清洁, 然后用被外用酒精浸泡过的干净抹布用画圆的方式擦拭。接下来, 用洗革皂修复皮革, 用滑石粉覆盖油渍, 吸收油污
潮湿	皮革不耐潮湿, 所以永远不要在潮湿的地方存放皮革。用布擦干所有湿气, 使皮革充分干燥, 然后按照脏污或污渍的方法进行处理
干燥	按照上述方法进行清洁或保养, 然后使用洗革皂。接下来, 涂抹保湿皮革霜并进行抛光。用干净的棉布涂抹卸妆液, 用画圆的方式擦拭, 也可以清洁和滋润
破裂	无论皮革的保护皮剥落或破裂, 处理方法是一样的: 只用干布清洁, 然后涂上皮革油, 但只能涂在中深色皮革上, 因为皮革油会使皮革变暗
发霉	柔软棉布蘸1:1的水和白醋溶液清洁
绒面革	使用崭新的白色橡皮擦清洁污渍, 然后用上好的软刷（在精细的木匠或艺术品供应店买到）修复绒毛
需要擦亮	不适合沙发和座椅, 对于其他家具, 首先进行保养, 然后轻微抛光。仅在桌面上使用适当色彩的彩色鞋蜡

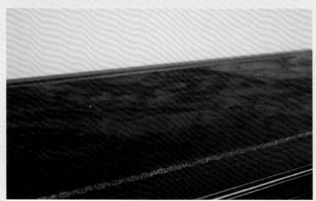
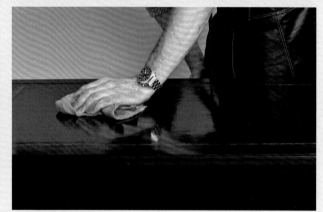

1.用外用酒精浸湿抹布并以画圆方式擦拭。一直重复，直到皮革干净，然后晾15分钟左右。（如果你的皮革缺少"皮肤"或涂饰涂层，你将无法清洁；对于已剥离皮革的处理方法，请参阅本页的"故障排除"。）

2.保持干净的皮革与完成涂层的蜡的色调相匹配。这个步骤与抛光平底鞋不同，家具蜡比鞋油更硬，更有保护性。诸如此处的边框细节，要避免皮革接触任何镀金或工具，除非使用透明蜡。

3.让蜡干一点，然后刷掉其他多余的蜡。

4.使用羊毛抹布，将皮革打磨成具有强烈光泽的强度就像漆皮。耐心一点，这一步需要时间。但这之后，你的皮革表面实际上是不可渗透的，水珠落到上面会马上滑落。

故障排除

如果你的皮革剥落、破裂或因其他方式粉碎为小颗粒，则需要更换皮革，或至少通过稳固和密封表面来阻止皮革受到进一步的损坏。

1.首先使用马具、马鞍或貂油（动物副产品）或更好的亚麻籽或桐油（具有干燥功能且不会留下油腻膜的痕迹）润湿。油会使裂缝变模糊，能很好地隐藏问题。

2.让油彻底干燥，然后轻轻地用虫漆填平表面，就像法式抛光一样。在所有裂缝内仔细刷虫漆，这可以重新创造出皮革的原始"皮肤"。当你完成一个漂亮的涂层时，让它干燥一夜。

3.现在你的皮革受到保护，你可以为它打蜡并抛光。

大理石

大理石实际上指一个岩石类别，各种岩石，如卡雷拉、卡拉卡塔、锡耶纳都属于大理石（另一方面，花岗岩、板岩和石膏岩都是特定的某一类别的岩石）。大理石具有鲜明的色彩和独特的形状，主要应用于顶级梳妆台、床头柜和桌子，以及当代应用中的厨房台面。

清洁

虽然你应该避免使用强力洗涤剂和溶剂对大理石进行清洁，但白醋、天然肥皂（如橄榄香皂或马赛皂）是完全安全的。使用温水和软擦洗刷。你会为这些物质消除污垢的效果感到惊讶：你的白色卡雷拉大理石桌面会恢复洁白的光泽。

保护

旧大理石的顶部通常是手工抛光到比今天更暗的光泽。打磨后的大理石虽然更漂亮，但也更容易受到伤害；许多岩石本质上是多孔的，也是易碎的。

保护性溶液只能用于清洁彻底脱脂的大理石；否则，你可能将一些污垢带入岩石表面。我其实更喜欢现代密封剂，但这只能从石材专家那里买到。看你密封什么种类的石头，对于某些石材，你只需进行些许保护，不需要任何涂层。

使用由漂白过的原始蜡制成的透明（不是琥珀色或彩色）蜂蜡是一种更好的选择。用一块干净的抹布逐段擦拭。等一个小时以后擦亮，就像打蜡的木家具。

大理石顶部的断裂常常是由于运输不当造成的。移动和储存大理石最安全的方法是侧放（参见第294页"家具运输"）。一旦放置在顶部，板坯必须完全平坦，用垫片纠正倾斜度。不要倚靠大理石顶部，并且要避免在上面放置重物。实际上大理石可能会随时间而弯曲。

修理

由于大理石往往非常华丽，要修补的地方通常隐藏在纹理图案中。你可以用胶水和各种半透明和有色填料修复断裂和裂缝。虽然有许多专业的大理石修复产品，但这些产品都是给专业人员使用的。（例外：只有大理石的岩石碎片是低光泽的。）填充、配色和重新抛光执行必须是完美无瑕的结果。超强胶水将确保你珍贵的作品拥有更长的使用寿命。这是我推荐使用现代胶水和非常稳定的技术的少数案例之一。

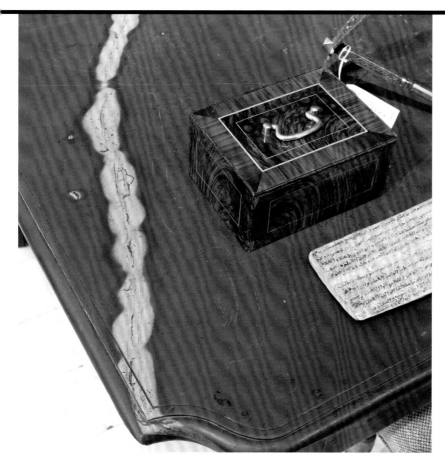

污渍

油和油脂：将巴黎石膏和水（约1∶1）混合成黏稠糊状物并涂抹于污渍上，干燥15分钟。然后将少许丙酮或三氯乙烯倒入混合物中，刚好足以让混合物再润湿成糊状物，并让它干燥数小时。用木头或塑料抹刀去除硬化的糊状物，以免划伤大理石，并用水冲洗。或者，通过将粉末清洁洗涤剂与少量的水混合制成糊状物，刚好足以将石膏糊覆盖。将糊状物涂抹在污渍上，用塑料包裹物盖住边缘，锁住水分。等一夜过后再擦干净。

葡萄酒、墨水和其他有色污渍：旧污渍难以清除，但往往可以让它变淡。将巴黎石膏和足够的漂白剂混合，制成糊物，将其涂抹于污渍上，放置一夜。然后用水冲洗糊状物，并使家具风干。

锈和木单宁：这是唯一一次你被允许在大理石上使用酸的情况。戴上手套，用棉签在污渍上擦上草酸，污迹将减轻。然后用水冲洗，并将其干燥。根据需要重复该过程，直到污渍消失。

柚木

Teak director's chair

有趣的是，被设计为能暂时承受自然环境的家具通常被视为无须维护的家具。事实上，户外家具（特别是由柚木或柳条制成的家具）仍需要每年进行维护。柚木的天然油性成分保护家具不受某些自然环境的伤害，但是太阳和水仍然可以共同作用并破坏家具外表，形成灰色的表层。虽然柚木灰色的外层对一些人来说是一个理想的样子，但这个光泽实际上是一种破败的迹象。幸运的是，这问题是可以修复的。如果木材表面、接头和整体结构坚固健全，那么通过清洁和打磨的共同作用来除去晒伤的表面纤维可以恢复该家具。注意：这是一个户外工作，你最好在阴凉处完成工作。

你需要的材料

- 水桶
- 漂白剂
- 塑料擦洗刷
- 220粒度或320粒度的砂纸
- 100%棉布
- 木醇
- 柚木油或桐油

清洁

1.用有效的厨房清洁剂或水与漂白剂（1：1）混合进行彻底的清洗。仔细擦洗并冲洗干净。你会惊讶于这种混合物的除污效果。

2.在阴凉处干燥一夜。

3.用220粒度或320粒度的砂纸小心打磨。

4.用酒精和抹布擦拭木头。

5.涂抹足量的柚木油或桐油。让家具吸收并在木材干燥的地方补擦桐油。干燥一夜。

6.如果你是像我一样神经质的纽约客，那么第二天再涂抹一层油。

7.整齐地存放在干燥的室内，直到下个季节。

保养

你每年都应该按上述步骤对家具维护、清洗和上油。如果你能很好地维护你的柚木家具，就不必每次都打磨。这样的家具真的可以维持很长的寿命。所以古董店里仍然可以找到20世纪初的柚木家具。

柳条

柳条是制作古老的户外或走廊家具时常用到的另一种材质。柳条类包括大量的编织有机材料：藤条、白藤、柳条、芦苇、拉什、芥草、夹板等。每年都要好好摸摸你的柳条家具。时光流逝并不会使柳条产生漂亮的色彩，所以不要为给它们再度装扮感到些许歉疚。然而，若是可能，不要给它们上漆或者涂料，因为柳条热胀冷缩反应显著，最终会使得任何坚固的涂层破碎甚至剥落。每次刷新涂料或者重新漆制之时，记得一定要剥除旧层，这是很难办的。

你需要的材料

- ■ 橄榄香皂或马赛皂
- ■ 硬毛刷
- ■ 亚麻籽油或液态胶蜡
- ■ 纯棉布

清洁

1.用肥皂水细致清洗并让它干透。

2.用一点亚麻籽油或者一层石蜡处理，给胶蜡加点丙酮让它成浆状。任其干燥并且使之显现出一种漂亮光泽。你可能需要使用一把硬毛刷来移除留在编纹凹槽里的多余蜡料。

你需要的家具

- ■ 木胶
- ■ 细黄铜锉
- ■ 夹板材料
- ■ 美工刀，刮面刀片，或者锋利的剪刀
- ■ 220到320粒度的砂纸
- ■ 油基染料
- ■ 亚麻籽油
- ■ 100%纯棉

保养

柳条修复既耗时又耗力，最好留给专业技术人员进行操作，尤其是装饰修整维多利亚时代的家具。但若家具只有很小的一部分毁损或者遗失，就自己试试吧。夹板材料能通过精工木匠手册进行购置。

1.去除任何破损线绳，整体除去。

2.如果需要，重新构造框架，把它们粘在一起或钉在一起。

3.把夹板材料浸入水中约30分钟，之后便可以使用了。

4.在可替换的家具里进行编织，随后把它们粘住或钉住，让它干燥。

5.使用美工刀或者锋利的剪刀裁剪并调整可替换的家具至合理尺寸 。

6.打磨需修复的区域，因为由于新的夹板纤维在浸泡时会被升高。使用220粒度或者320粒度的砂纸。

7.使用油基涂料或者釉料染制新的夹板，使其颜色与周边的柳条匹配。

8.涂上一层桐油。新的纤维可能会吸不少桐油才会满足。

保养你的古董

定期维护才能保持木制家具的良好状态, 主要是清洁和重新涂装。与此同时, 你可以检修已发生的破损。绝大多数任务可以在一个月或一年内完成, 但是也有每日必须做的防护工作, 以确保家具的安全状况。其中重要的是遵循恰当的运输规则。因此, 我在这里提供了打包和移动家具的方法。

保护好你的家具

除了定期清洁，还需要采取许多预防措施以便减轻给家具带来的损坏。

保持一个合适的室内温度，确保昼夜温差和四季温差不要太大。如果需要的话，使用加湿设备或除湿设备。

把在新家具设备上找到的保湿胶囊或保湿包保存起来，把它们塞进柜子或者抽屉。

让家具远离日光的直接暴晒，日光会漂白家具裸露的表面，会损坏或剥落涂层，留下一个白色的雾斑，或者会损坏木材。白天或者当你离开的时候关上窗户。

避免将家具放在散热器或其他热源旁边。

不要改变家具本来的用途。不要把椅子当作脚踩的凳子或梯子，或将桌子当作熨衣板。

避免家具受潮或弄上污渍。

完美的杯托

当放饮品、植物或者花瓶在木制家具上面的时候，一定要记得使用杯托。不然的话，湿气会浸入涂层，渗入木材本身，形成一个水圈或薄雾（涂层仍然是好的，损坏的是底下的东西）。

并不是所有的杯托都可以，塑料和软木的杯托会在木材上留下印记，丝织品阻挡不了湿气。但是把这三者结合起来可以形成一个很好的防护层，所以我建议你制作你自己的杯托。把这三种东西按照下列顺序用白色胶带粘在一起：

上面：塑料、金属或玻璃的防水层。我通常为客户定制特殊的杯托，用银箔这样的装饰材料作为最上面的防水层。

中间：做垫子用的软木。

下面：毛毡，它表面光滑，表面不会留下印记。

每日一做

除非你家非常不干净，或者物件太多，再或者你有重度洁癖，否则没必要每天维护木器，简易除尘就已足够，按你的需要来操作。避免使用非处方产品，如喷雾，它没什么功用，而且质地油腻。颇为讽刺的是，使用了喷雾的家具更易吸尘。羽毛掸子很是受用，因为每天都用布除尘会损坏家具。

每月一做

用一块干净柔软的布来擦拭家具，最好用棉布，因为棉布不易掉毛。用手轻抚以免破坏夹板或者木材凸出来的部分。每月清洁的时间同样是评估家具状况的好机会，可以注意并且解决可能存在的虫洞、灰尘、水渍、日晒及松动的问题。

从每个角度检视家具，通过四处移动或者移离墙面即可。当你和家具一起生活，可能容易忽视家具的变化，对家具的退化习以为常。

每年一做

无论拥有何种家具或者漆料，我不推荐一年超过两次使用产品（蜡或油），但是案桌及其他频繁使用而易于损坏的家具除外。

在进行打磨、上蜡、清洁之前，一定要细心除尘，以防止任何灰尘颗粒进入涂层里。

家具打包

每次你移动家具的时候都需要进行打包，是的，每次。我的意思是不管是将家具搬到一个新的房子里，还是从一个房间移到另一个房间。家具保护都是必要的，打包也是。另外，打包材料必须是安全的，不会损坏你的家具或者涂层。注意以下几点。

1.不要直接用泡沫包装木材，这样会毁掉涂装。

2.包装精美的家具的时候，一定要用玻璃纸或绵纸，然后再用毛毯，毛毯很重，会蹭掉边边角角和一些细微的地方。一些床垫类的家具应该先用专门的塑料袋进行包装（参考第296页"相关资源"）。

3.不要直接在木材上或家具任何一部分缠上胶带。

4.一如既往，不要耍小聪明或偷工减料，不然你会后悔的。

你需要的家具

- 多条干净的毛毯
- 美工刀或者剪刀（用于剪纸和胶带）
- 玻璃纸或绵纸
- 打包胶带（上面没有护条的）
- 热收缩膜

家具包装

1.在抽屉里放一些垫片，让抽屉关紧，用硬纸板保护家具腿部。

2.让两个人把家具抬起来移走。

3.把家具放在毛毯正中央。

4.用玻璃纸或绵纸包装（见第296页"相关资源"）。

5.把毛毯的边边角角叠起来。

6.用胶带缠几圈，确保缠紧。

7.放一个新的毛毯在家具上。

8.把毛毯边边角角折下来，它们应该超过底下的毛毯。

9.再一次用胶带缠几圈，确保缠紧。

10.用热收缩膜把家具再次打包。

11.可以移动家具了。

家具运输

　　移动家具：无论是将家具从一个房间移动到另一个房间，还是从一栋房子搬移到另一栋房子，都有可能给家具造成损坏。通过遵守下面一些简单的规则和常识，避免犯错。

　　1.别让家具从一个点滑动到另外一点。这会损伤家具的腿或者脚（尤其是转向和雕刻设计），降低家具黏合的稳定性，破坏家具的结构，更别说很可能会划伤或刮花你的地板。

　　2.始终抬起家具，两个人将家具抬走。

　　3.从底部或者两侧抬起，别从上面抬。

　　4.不要通过硬件搬动家具。

　　5.处理和锁住所有抽屉和门（可能会摇晃开）之前移除所有松动的架子。同样移除可能会松动的部分，如外框顶端。

　　6.移除大理石石板，把它放在一侧，不要平放。移动也是一样：总是在一侧。

　　7.移动过程中，钥匙可能非常容易就会放错位置或者丢掉。比起放在你的口袋中，把它贴在你家具的一个抽屉内里（尽可能多套锁）更好，在包裹和打包前用薄的垫片把抽屉关紧。

　　8.在原地打包和包裹家具，即使从一个房间移动到另一个房间。这能很好地避免它碰到门、把手及其他家具，这些磕碰常常是家具损坏的原因。

　　9.同样地，让搬家工人当面打包家具。如果他们要求在卡车里包裹，你有两种答复：①不；②在收据上写"你是在外头打包的"。我保证他们很快会拿着几块毯子回来打包。

　　10.不要在车顶上运输家具。你的自行车和滑雪板可以这样。千万不要冒险；专业人士都不会这样做。

　　11.不要在阴雨天移动家具；湿气对家具不好，而且你的家具会有受潮风险。

　　12.在汽车或者卡车中，把家具完美地倒置放平，用抹布块和毯子包裹好。用板子和毯子加以防护。

　　13.使用皮带捆。别用绳子，它是圆的，可能会切进木料。

　　14.最后，开车时不要打字。

相关资源

A&H ABRASIVES
800-831-6066
磨砂用品专供。

ALLIED PIANOS
www.alliedpianos.com
提供钢琴和家具修复及精密再加工服务。

BEHLEN—S PRODUCTS
这家总部位于英国的公司为所有木制品编写目录并建立网站,全面、可靠地对精密再加工服务和零售产品进行描述。

THE BROOM BROTHERS
www.thebroombrothers.com
出售品质极好的手工刷子和扫帚,是本书第204页干蜡抛光技术中蜡抛光工具的制造商。

CHEAP JOE'S ART STUFF
www.cheapjoes.com
出售油漆、染料、纸张、刷子等,通常进行甩卖或打折销售。

CONSOLIDATED PLASTICS
www.consolidatedplastics.com
购买储物瓶子及容器的好地方。

DECORATOR'S SUPPLY
www.decoratorssupply.com
自19世纪80年代以来,已经制造和提供了包括家具和壁炉的结构模制品在内的许多经典的结构明细,同时也是仿古装饰品的绝佳参照。

DIRECT SAFETY
www.directsafety.com
推荐在此处购买眼睛护具、面具及手套。

ETSY
www.etsy.com
需要一个手摇式、尖顶状的有机清洁产品,还是其他这样难找的东西?试试 Etsy。我总是这样做,且一般都能在这里幸运地找到我想要的东西。

GAMBLIN
提供装饰期间所需的经典溶剂、树脂、清漆和树胶等一系列高品质产品。该品牌在艺术品供应店中很容易找到。

GARRETT WADE
www.garrettwade.com
主营优质手动工具的综合性时尚零售商。我第一次搬到纽约时就已经尝试了他们的产品。（那是在加雷特·韦德的春季街头展示厅,我学到了关于修缮行业相关法语词汇的英文表达。）

HIGHLAND WOODWORKING
可在此购买优质手工用具和项目用品。

LEE VALLEY & VERITAS
www.leevalley.com
木匠和园艺工具及橱柜五金的邮购、零售供应商。

LIBERON PRODUCTS

英国制造的传统木材精加工产品线,并通过中间零售商和网站进行销售。

LIE-NIELSEN TOOL WORKS

www.lie-nielsen.com

提供一系列用于木匠加工的高品质手作工具。是您购买第一只横纹刨的理想之地。

MASTERPAK

www.masterpak-usa.com

用于包装、运输、存储及展示美工、文物和古董的独特档案资料目录。

MOHAWK FINISHING PRODUCTS

www.mohawk-finishing.com

提供木材和皮革的补救和修缮材料。

NORTHERN SAFETY AND INDUSTRIAL

www.northernsafety.com

安全防护用具供应商。

PERGAMENA

www.pergamena.net

皮革、羊皮纸等材料的优质供应商。即使您不使用这些材料,该网站也能提供大量信息,且迈耶斯家族(The Meyers Family)提供24小时电话服务,可回答您有关皮革的任何问题。

SENNELIER

出售高品质经典系列艺术品,特别是精美的油漆、染料和染料,且在所有的精美艺术品商店均有销售。

SEPP LEAF

www.seppleaf.com

提供真正的金质及金属薄箔、镀金工具及用品,以及前面提到过的Liberon系列的相关产品。

SUTHERLAND WELLES

www.sutherlandwelles.com

桐油表面处理的最好加工者,如有需要,也包含其他的木材表面处理,从无毒的食品安全级表面处理到防水的海洋备用清漆。这里是订购商品的最好去处。(多年以来,始终坚持在您收到产品后方可付款。)

SWARMBUSTIN’HONEY

www.swarmbustinhoney.com

位于宾夕法尼亚州切斯特郡的沃尔特·布劳顿家出产高品质蜂蜜。更令人难以置信的是,这里的纯蜂蜡可搭配您自己的家具抛光和表面处理产品。

TALAS

www.talasonline.com

产品养护、保存和修复的好去处,还提供相关信息和建议服务。

ULINE

www.uline.com

出售箱子、货架、容器、清洁产品等材料和工作可以将您的车库(或其他任何地方)转换成木材整理工作室所需的一切。

VAN DYKE’S RESTORERS

www.vandykes.com

虽然这个网站过去多为木匠和精加工用品,但现在专注于仿古家具和家用五金。

WATERLOX

www.waterlox.com

适用于室内外高品质桐油处理产品。可在其门户网站或通过其他零售商购买。

WHITECHAPEL

www.whitechapel-ltd.com

完美复制历史悠久的高端五金制品之地。每一种风格,每一个时期应有尽有。我所有的用品,除法国定制的材料外,只使用这个品牌的产品。

WOODWORKER’S SUPPLY

www.woodworker.com

一部涵盖极广的使用工具和产品目录,包括木材、金属、皮革修复、藤条编织等。

参考书目

　　这些不是技巧性的表面处理书籍，而是通过专业人士和作家在书卷（及一些期刊）中所展现的才能及专业知识，来帮助我们丰富对家具和装饰艺术史的了解。

"古董收藏家俱乐部"系列
以时间和国家为序整理编写并出版的古典家具艺术参考书。

"阿苏利纳出版社"系列
该出版社有一系列关于20世纪设计师和装饰师的书籍，从让·米歇尔·弗兰克（Jean-Michel Frank）到艾琳·格雷（Eileen Gray），他们都在现代室内设计中使用了许多本书所强调的技艺。

《工匠艺术》，安德烈·雅各布·罗布（André Jacob Roubo）著
本书是对18世纪家具制造工艺的第一部系统性的历史汇编，由一位年迈的工艺大师撰写。复印本和电子版本也很容易获得。该书为我们提供了相当可观的知识和美丽的蚀刻插图。

《真正的装饰：1620—1920的国内内饰》，彼得·桑顿(Peter Thornton)著，新月图书（Crescent Books）
本书详尽地列举了在仿古房间中添置家具的各种方式。通过查看其添置方式，您可以获得很多家具的知识。这本书是绝对的经典书籍。

《古典家具》，戴维德·林利（David Linley）著，哈里·艾布拉姆斯出版社（Harry N. Abrams）
本书是一位优秀家具制造者、设计者对欧洲古典家具的介绍。

《经典木材表面处理》，乔治·弗兰克（George Frank）著，斯特林出版社（Sterling Publishing）
年迈的传统技艺大师及伟大创作者在木材装饰及表面处理方面的经典著作，其中包含手工艺诀窍和大量名人轶事。

《内部装修风格概要》，弗朗西斯·班杜特（Francois Baudot）著，阿苏利纳出版社（Assouline）
这是一部关于经典历史风格的综合性简易编年体概述。

《烫金彩绘木》，吉勒斯·佩罗尔（Gilles Perrault）著，法东出版社（Editions Faton）
本书由凡尔赛宫修复者撰写，介绍了经典镀金技艺（从用水到用油）及传统的彩绘技艺。

《精细木匠》
该商业杂志着重于有传统技巧的橱柜项目，且每个问题都包括一篇关于表面处理的社论。

浮雕书局
WWW.LIBRAIRIEDUCAMEE.COM
这家坐落于巴黎圣日耳曼德佩区附近的小店有你需要的所有有关家具风格的书籍,如镀金、陶瓷、手工艺及装饰艺术,囊括旧式和新式。

《魅力无穷的传统手工业》，丽森·德·康妮（Lison De Caunes）和卡瑟琳娜·鲍姆加特纳（Cathrine Baumgartner）著，维亚尔出版社（é ditions Vial）
由法国贸易部女部长编写的一本关于麦秆镶嵌艺术的书:她是著名的装饰艺术高档家具木匠安德烈·克鲁尔（Andr é Groult）的孙女。

《镶嵌史诗:历史文物与个人工作》，塞拉斯·科普夫（Silas Kopf）著，变色龙出版社（Chameleon Books）
通过本书我们可以向知名大师学习为什么镶嵌被称为"画在木头"上的工艺。这本书将历史史实与个人创造性工作完美融合。

《仿古表面处理及其效果》，朱迪思（Judith）和马丁·米勒（Martin Miller）著，里佐利出版社（Rizzoli）
这是一本关于木材技艺和装饰画制作的经典著作，重点讲述仿古式表面处理。这是第一本也是唯一一本将这些技艺运用在装饰设计中的书。

《知道自己的位置,甚至重做》，拉斐尔·德罗巴·德·拉奥梅尔著（Raphaël Didier Del'Hommel），西法兰西报（Ouest France）
书中介绍了一步步发展的经典装饰，同时涵盖其前后发展的对比照片，以及激发这些灵感的宏伟历史背景。

《了解木材:工匠的木匠技术指南》，布鲁斯·霍德利（R. Bruce Hoadley）著，汤顿出版社（The Taunton Press）
你在本书中可以找到各种木材的相关介绍，以确定你可以用这些材料做什么及如何对这些木材进行处理。

《饰面简介》,哈里·杰森·霍布斯（HARRY JASON HOBBS）著，艾伯特·康斯坦丁及其子有限公司（ALBERT CONSANTINE AND SON，INC.）
这是一本关于饰面技艺的历史及其发展的小书,读起来像是一本小说。

致谢

感谢玛莎·斯图尔特的持续支持和启发，同样感谢凯文·沙基。

感谢苏珊·威廉姆斯和杰瑞·霍华德，他们让一切都活灵活现。

感谢我的经纪人珍妮佛·格林和莎伦·鲍尔斯，他们做了很出色的工作。

感谢莉亚·瑞恩、杰西卡·布鲁姆、米歇尔·阿什莉-科恩、西比勒·克兹洛德、卡拉·施特鲁贝尔、南茜·穆雷，感谢他们投入到这个项目中的天才创意、无尽动力和深远抱负。

感谢珍·伦奇和詹姆斯·维德，感谢他们出色的才华、精巧的工艺和持续的耐心。

感谢我纽约市、康涅狄格州莎伦镇和海外所有的朋友、家人和顾客，感谢他们为这本书给予的大力支持和提供的珍贵材料。

感谢我的父亲克里斯蒂安·波尼和我的叔叔皮埃尔·马德尔，感谢他们将我带进古董的神奇世界。

感谢我工作室的工匠们，特别是克里斯丁·格卡丹达。

感谢约翰·萨拉蒂诺，让我第一次在这个国家大展手脚。

感谢大卫·克雷伯格和他的同事们，感谢他们对手工制作的热情。

感谢E.K.布特勒收留我。

感谢首家出版我作品的《爱丽装饰》杂志，感谢温蒂·古德曼。

感谢加瑞特·韦德和Whitechapel公司友好赞助工具和硬件设施。

感谢我志同道合的好友杰森·乔布森。

索引